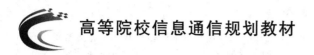
高等院校信息通信规划教材

数字图像处理的实现与应用

丁海洋　编著

北京邮电大学出版社
www.buptpress.com

内 容 简 介

本书针对有一定图像处理基础的本科生和硕士研究生。为促使学生掌握多种数字图像处理的实现与应用技术，增强学生应用数字图像处理基础理论知识解决实际问题的能力，本书重点讲解数字图像处理最新的实现与应用技术。

本书讲解使用 MATLAB GUI 技术实现带有图形用户界面的数字图像处理程序；讲解基本数字图像处理的 C 语言实现；讲解基于 Android-JNI 技术的移动平台数字图像处理；讲解使用 Python 语言实现数字图像处理；讲解使用 PIL 库实现 Python 环境中的图形用户界面；讲解使用 Ctypes 技术在 Python 环境中使用 C/C++ 程序。

本书共分为 7 章。第 1 章是概述。第 2 章是数字图像处理的 MATLAB GUI 实现。第 3 章是数字图像处理的 C 语言程序实现。第 4 章是基于 Android-JNI 技术的移动平台数字图像处理。第 5 章是使用 Python 语言实现数字图像处理。第 6 章是 Python 环境中的 GUI 实现。第 7 章是 Ctypes 技术：Python 和 C/C++ 的纽带。

图书在版编目（CIP）数据

数字图像处理的实现与应用 / 丁海洋编著. - - 北京：北京邮电大学出版社，2025. - - ISBN 978-7-5635-7501-5

Ⅰ. TN911.73

中国国家版本馆 CIP 数据核字第 2025TZ3053 号

策划编辑：马晓仟　　责任编辑：马晓仟　耿欢　　责任校对：张会良　　封面设计：七星博纳

出版发行：北京邮电大学出版社
社　　址：北京市海淀区西土城路 10 号
邮政编码：100876
发 行 部：电话：010-62282185　传真：010-62283578
E-mail：publish@bupt.edu.cn
经　　销：各地新华书店
印　　刷：保定市中画美凯印刷有限公司
开　　本：787 mm×1 092 mm　1/16
印　　张：11.75
字　　数：298 千字
版　　次：2025 年 2 月第 1 版
印　　次：2025 年 2 月第 1 次印刷

ISBN 978-7-5635-7501-5　　　　　　　　　　　　　　　　　　定价：38.00 元

· 如有印装质量问题，请与北京邮电大学出版社发行部联系 ·

前　言

"数字图像处理"是一门有着悠久历史的传统计算机类课程,许多高校均开设此课程,北京印刷学院信息工程学院也面向本科生和硕士研究生开设了这门课程。

"数字图像处理"主要讲解数字图像处理的基本概念、基础理论及基本处理技术,主要包括图像基本运算、图像正交变换、图像增强、图像平滑、图像锐化、图像分割、图像的数学形态学处理等。通过学习该课程,学生可以掌握数字图像处理的基础知识和基本理论以及常用数字图像处理的实现思路,并具备使用开发工具完成常用数字图像处理的能力。

作者多年来分别为本科生和硕士研究生主讲"数字图像处理"课程,在授课过程中发现:当前数字图像处理方面的教材主要适用于本科教学,内容偏向于基础知识,而较少涉及数字图像处理最新的实现与应用技术;硕士研究生普遍有一定的基础,故基础知识部分的授课学时可以压缩,而且硕士研究生在后面的研究工作中更需要用到数字图像处理最新的实现与应用技术。

本书针对有一定图像处理基础的本科生和硕士研究生。为促使学生掌握多种数字图像处理的实现与应用技术,增强学生应用数字图像处理基础理论知识解决实际问题的能力,本书重点讲解数字图像处理最新的实现与应用技术。

本书的内容主要源于作者多年来从事数字图像处理方面研究的积累,在本书撰写过程中,离不开多位同学的帮助与支持:感谢秦定武同学和熊涛同学帮助完成第4章的撰写;感谢李雅静同学帮助完成第5章的撰写;感谢陈子超同学帮助完成第6章和第7章的撰写。

本书的出版得到北京印刷学院校内学科建设项目(21090324004)的资助,在此向北京印刷学院研究生院及相关老师表示感谢。

由于作者水平有限,书中难免出现各种疏漏和不当之处,欢迎大家批评指正。

目　　录

第 1 章　概述 ··· 1
　1.1　数字图像处理的基本内容 ·· 1
　1.2　本书的重点 ·· 1
　1.3　本书的各章安排 ··· 2

第 2 章　数字图像处理的 MATLAB GUI 实现 ·· 3
　2.1　MATLAB GUI 的使用方法 ·· 3
　2.2　使用 MATLAB GUI 实现基本图像处理 ·· 10
　2.3　在界面中增加参数输入功能 ··· 13
　2.4　图像的傅里叶变换 ·· 16
　2.5　图像增强 ··· 18
　　2.5.1　图像直方图 ·· 18
　　2.5.2　直方图均衡化 ·· 19
　2.6　图像分割 ··· 20
　本章小结 ·· 21

第 3 章　数字图像处理的 C 语言程序实现 ·· 22
　3.1　VS2012 的安装与使用 ··· 22
　3.2　打开和显示图像 ··· 30
　3.3　基本图像处理 ··· 37
　3.4　保存图像 ··· 41
　3.5　图像置乱 ··· 43
　　3.5.1　8 位灰度图像的置乱 ·· 43
　　3.5.2　8 位灰度图像的解置乱 ··· 46
　　3.5.3　24 位彩色图像的置乱 ·· 49

3.5.4　24位彩色图像的解置乱 …… 52

本章小结 …… 54

本章主要图像处理程序 …… 54

第4章　基于Android-JNI技术的移动平台数字图像处理　64

4.1　Android Studio的安装与使用 …… 64

4.1.1　Android Studio的安装与配置 …… 65

4.1.2　新建工程 …… 74

4.1.3　运行工程 …… 76

4.2　Android-JNI的配置 …… 84

4.3　使用Android-JNI技术实现基本图像处理 …… 88

4.3.1　编辑调用库函数的Java类 …… 88

4.3.2　实现基于C语言的图像处理 …… 91

4.3.3　CMake和NDK相关配置 …… 94

4.3.4　项目中的调用 …… 97

4.3.5　Android工程适用于24位/8位图像 …… 101

4.4　使用Android-JNI技术实现图像置乱 …… 102

4.4.1　修改Java类 …… 102

4.4.2　置乱库函数的移植 …… 103

4.4.3　运行效果 …… 105

本章小结 …… 106

本章主要程序的代码 …… 106

第5章　使用Python语言实现数字图像处理　111

5.1　Python开发环境安装 …… 111

5.2　OpenCV安装与测试 …… 120

5.3　使用OpenCV实现图像处理 …… 124

本章小结 …… 130

本章主要Python程序 …… 131

第6章　Python环境中的GUI实现　133

6.1　添加PIL库 …… 133

6.2　实现图形用户界面 …… 136

6.3　实现按钮和消息响应函数 …… 138

本章小结 …… 141

本章主要 Python 程序 ·· 141

第 7 章　Ctypes 技术：Python 和 C/C++ 的纽带 ·················· 144

7.1　VS2022 的安装和使用 ·· 144
7.2　DLL 文件开发 ·· 149
7.3　在 PyCharm 中调用 DLL 文件 ·· 152
7.4　使用 Ctypes 技术实现基本图像处理 ·································· 154
　　7.4.1　在 DLL 中增加基本图像处理功能 ···························· 154
　　7.4.2　在 PyCharm 中调用 DLL 实现基本图像处理 ··············· 158
7.5　使用 Ctypes 技术实现图像置乱 ······································· 164
　　7.5.1　在 DLL 中增加图像置乱功能 ································· 164
　　7.5.2　在 PyCharm 中调用 DLL 实现图像置乱 ···················· 167
  本章小结 ·· 170
  本章主要程序的代码 ·· 170

参考文献 ·· 180

第1章 概述

数字图像处理是一门理论性很强的课程,同时也是一门密切联系实际的课程,所以该课程的理论与实践均十分重要。在该课程的课堂教学与实验教学中,均需注意理论联系实际,注重学生综合能力的培养,使学生在掌握数字图像处理的基础知识和基本理论的基础上,掌握常用数字图像处理的实现思路,并且具备使用开发工具完成常用数字图像处理的能力。

1.1 数字图像处理的基本内容

数字图像处理主要讲解图像处理的基本概念、基础理论及基本处理技术,主要包括图像基本运算、图像正交变换、图像增强、图像平滑、图像锐化、图像分割、图像的数学形态学处理等。其中:图像基本运算包括图像几何变换、图像代数运算、邻域及模板运算;图像的正交变换包括频域变换、离散傅里叶变换、离散余弦变换、Radon 变换、离散小波变换;图像增强包括基于灰度级变换的图像增强、基于直方图修正的图像增强、基于伪彩色处理的图像增强等;图像平滑包括图像中的噪声、均值滤波、中值滤波、频域平滑滤波;图像锐化包括图像边缘分析、一阶微分算子、二阶微分算子、高斯滤波与边缘检测、频域高通滤波;图像分割包括阈值分割、区域分割、边界分割、基于聚类的图像分割;图像的数学形态学处理包括形态学基础、二值形态学的基础运算、二值图像的形态学处理。

通过学习该课程,学生可以掌握数字图像处理的基础知识和基本理论以及常用数字图像处理的实现思路,并具备使用开发工具完成常用数字图像处理的能力。

1.2 本书的重点

当前数字图像处理方面的教材主要适用于本科教学,内容偏向于基础知识,而较少涉及数字图像处理最新的实现与应用技术,但在面向研究生教学时,研究生普遍具有一定的基础,故基础知识部分的授课学时可以压缩,而且研究生在后面的研究工作中更需要用到数字图像处理最新的实现与应用技术。因此,本书主要针对研究生教学,重点讲解提高性内容,主要包括数字图像处理最新的实现与应用技术。

本书的重点包括:数字图像处理的 MATLAB GUI 实现;数字图像处理的 C 语言程序实现;基于 Android-JNI 技术的移动平台数字图像处理;使用 Python 语言实现数字图像处理;Python 环境中的 GUI 实现;Ctypes 技术:Python 和 C/C++的纽带。

1.3 本书的各章安排

本书主要针对研究生教学,重点讲解提高性内容,主要包括数字图像处理最新的实现与应用技术。关于数字图像处理的基础知识部分,已有很多教材进行详细讲解,本书不再赘述。本书首先讲解数字图像处理的 MATLAB GUI 实现、C 语言程序实现、移动平台实现;其次讲解使用 Python 语言实现数字图像处理,以及 Python 环境中图形用户界面的实现;最后讲解如何在 Python 环境中使用 C/C++程序。

本书的各章安排如下。

第 1 章是概述。介绍数字图像处理的基本内容;明确本书的重点内容;列出本书的各章安排。

第 2 章是数字图像处理的 MATLAB GUI 实现。为了实现用户交互过程中良好的交互效果,需要增加 GUI(Graphic User Interface,图形用户接口)。本章将以常用的图像处理为应用实例,讲述如何使用 MATLAB GUI 技术实现带有用户界面的数字图像处理程序。

第 3 章是数字图像处理的 C 语言程序实现。为了帮助读者掌握高级语言对应的可视化编程技术,本章将讲解如何在 VS 环境中使用 C 语言编程实现数字图像处理,包括打开和显示图像、基本图像处理、保存图像和图像置乱。

第 4 章是基于 Android-JNI 技术的移动平台数字图像处理。随着移动平台应用程序的普及,为帮助读者掌握移动平台开发图像处理程序的技术,本章将以基本图像处理和图像置乱为应用实例,讲解如何实现基于 Android-JNI 技术的移动平台数字图像处理。

第 5 章是使用 Python 语言实现数字图像处理。首先介绍 Python 开发环境的安装,以及 PyCharm 开发环境的基本使用;其次讲述 OpenCV 工具的安装与测试;最后讲解如何使用 Python 语言实现图像处理,主要包括基本图像处理、图像几何变换、图像的数学形态学处理。

第 6 章是 Python 环境中的 GUI 实现。讲解如何使用 PIL 库实现 Python 环境中的图形用户界面,包括添加 PIL 库、实现图形用户界面、实现按钮和消息响应函数。

第 7 章是 Ctypes 技术:Python 和 C/C++的纽带。主要讲解 Ctypes 技术的开发流程,包括 DLL 文件开发、在 PyCharm 中调用 DLL 文件、使用 Ctypes 技术实现基本图像处理、使用 Ctypes 技术实现图像置乱。

第 2 章 数字图像处理的MATLAB GUI实现

在使用 MATLAB 实现数字图像处理的过程中,如果只是在命令行窗口或编辑窗口通过指令方式运行程序,虽然能实现需要的图像处理效果,但是缺乏友好的用户交互界面。

为了保证用户交互过程中良好的交互效果,需要增加 GUI(Graphic User Interface,图形用户接口)。本章将以常用的图像处理为应用实例,讲述如何使用 MATLAB GUI 技术实现带有用户界面的数字图像处理程序。

本章安排如下:
- MATLAB GUI 的使用方法;
- 使用 MATLAB GUI 实现基本图像处理;
- 在界面中增加参数输入功能;
- 图像的傅里叶变换;
- 图像增强;
- 图像分割。

2.1 MATLAB GUI 的使用方法

1. 新建一个 GUI 程序

在命令行窗口输入"guide",进入"GUIDE 快速入门"窗口,如图 2-1 所示。

选择"新建 GUI→Blank GUI(Default)→确定",进入 GUI 设计界面,如图 2-2 所示。

2. 增加一个按钮

单击左侧工具栏的"按钮",在窗口中画出一个按钮,如图 2-3 所示。

3. 设置按钮的属性

双击按钮,设置按钮属性,设置 String 属性为"打开图像",设置 Tag 属性为"OpenImg",如图 2-4 所示,String 属性表示按钮在界面上显示的名称,Tag 属性表示按钮在程序内部的名称。

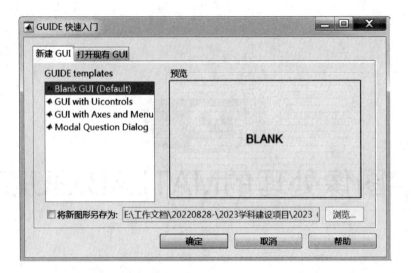

图 2-1 "GUIDE 快速入门"窗口

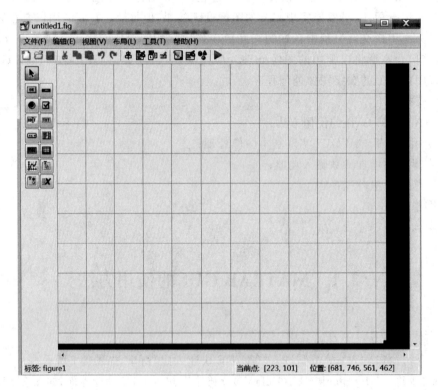

图 2-2 GUI 设计界面

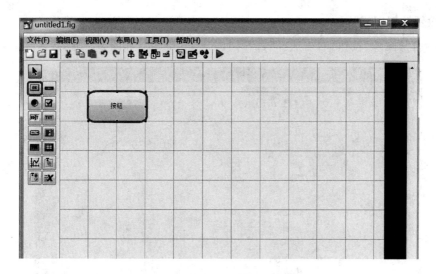

图 2-3　在 GUI 界面中增加一个按钮

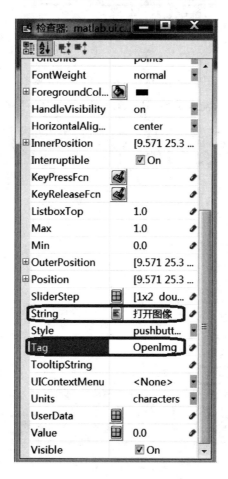

图 2-4　打开图像按钮属性设置窗口

注意：修改完属性，务必用鼠标单击其他属性，以表示当前修改已生效。

4. 设置按钮回调函数

选择"打开图像"按钮,右击选择"查看回调→Callback",如图 2-5 所示。

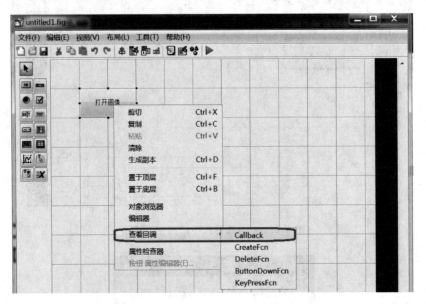

图 2-5　设置"打开图像"按钮回调函数

首先提示保存界面文件,输入文件名"test.fig",单击"保存"按钮,如图 2-6 所示。

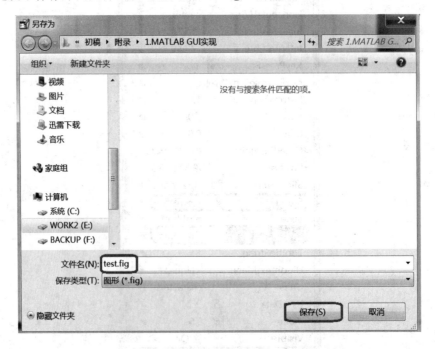

图 2-6　保存 fig 文件

然后在编辑器窗口,显示 test.m 文件中的回调函数,函数名的组成规则为按钮 Tag_Callback,所以这里回调函数名为 OpenImg_Callback(),如图 2-7 所示。

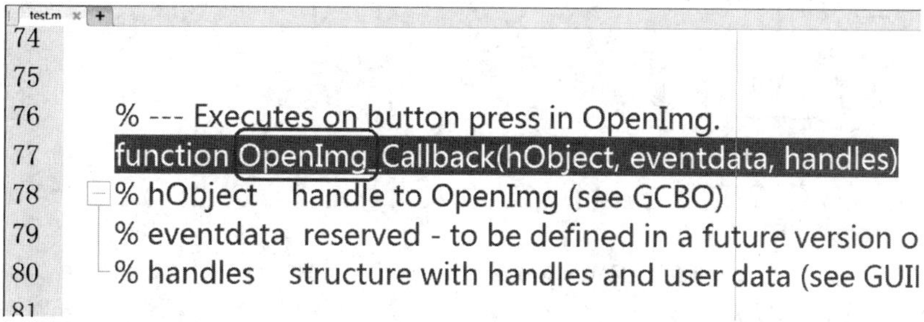

图 2-7 m 文件中的 OpenImg_Callback()函数

5. 通过文件窗口选择图像文件

在 OpenImg_Callback()函数中,增加下面的语句:

```
[filename pathname filter] = uigetfile('*.bmp');
imshow([pathname filename]);
```

在 test.fig 窗口中,单击工具栏右侧的运行按钮,如图 2-8 所示。

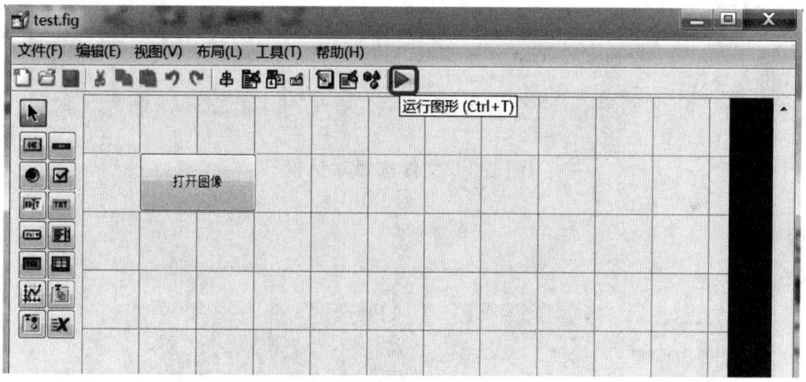

图 2-8 运行 GUI 程序

在运行界面中单击"打开图像"按钮,在文件选择窗口中选择图像文件,单击"打开"按钮,操作过程如图 2-9 所示,界面显示效果如图 2-10 所示。

注意,本章选择一幅作者自己采集并制作的照片 test1.bmp 作为测试图像,test1.bmp 为 512×512 的 8 位灰度图像。

从图 2-10 可以看出,虽然界面能显示图像,但是未能有效控制图像显示的位置。

6. 在 axes 表中显示图像

在 test.fig 窗口左侧工具栏中选择 axes 工具,并在界面中画出一个 axes 表,如图 2-11 所示。双击 axes 表,进入属性窗口,根据属性窗口可知当前 axes 表的 Tag 为 "axes1",如图 2-12 所示。

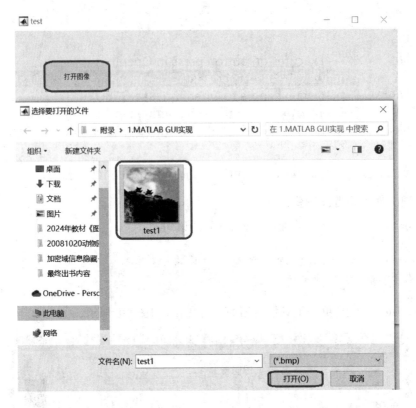

图 2-9　文件选择对话框

图 2-10　界面显示效果

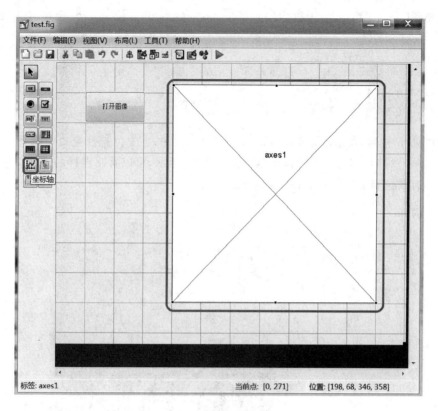

图 2-11 在 GUI 界面中增加 axes 控件

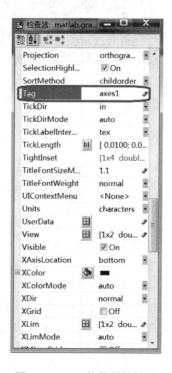

图 2-12 axes 控件属性设置

在 OpenImg_Callback() 函数中增加语句"axes(handles.axes1);",增加后函数的内容如下:

```
[filename pathname filter] = uigetfile('*.bmp');
axes(handles.axes1);
imshow([pathname filename]);
```

单击"运行"按钮,在运行界面中单击"打开图像"按钮,在文件选择窗口中选择 test1.bmp 图像文件,单击"打开"按钮,界面显示效果如图 2-13 所示,可以看出选择的图像显示在 axes 表中,这样有效控制了图像在界面中显示的位置。

图 2-13 使用 axes 控件显示图像的效果

2.2 使用 MATLAB GUI 实现基本图像处理

本节将讲解如何在 GUI 程序中实现基本图像处理。

在 test.fig 窗口中,增加一个按钮,双击按钮,设置按钮属性,设置 String 属性为"图像处理",设置 Tag 属性为"ImgProcess",如图 2-14 所示。

选择"图像处理"按钮,右击选择"查看回调→Callback",进入回调函数 ImgProcess_Callback(),在函数中增加图像处理语句,处理流程为:获取图像数据→图像数据处理→显示图像处理结果→保存图像。

ImgProcess_Callback() 函数的内容如下:

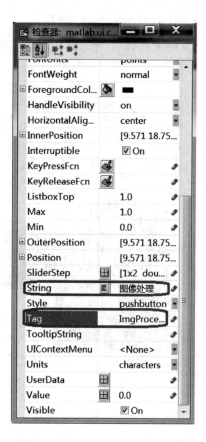

图 2-14 图像处理按钮属性设置

```
%1.获取图像数据
[filename pathname filter] = uigetfile('*.bmp');
ImgFile = fullfile(pathname,filename);
Img = imread(ImgFile);
[w h] = size(Img);
%2.图像数据处理
for i = 3/4 * h:h
    for j = 1:w/2
        Img(i,j) = 0;
    end
    for j = (w/2 + 1):w
        Img(i,j) = 255;
    end
end
%3.显示图像处理结果
axes(handles.axes1);
imshow(Img);
%4.保存图像
imwrite(Img,'new.bmp');
```

单击"运行"按钮,在运行界面中单击"图像处理"按钮,在文件选择窗口中选择 test1.bmp 图像文件,单击"打开"按钮,执行图像处理后,界面显示效果如图 2-15 所示。

图 2-15 图像处理运行效果

从图 2-15 可以看出,对图像的下方 1/4 行进行了图像处理,将每行的前半部分赋值为黑色,每行的后半部分赋值为白色。另外,在工作目录下保存处理后的图像为 new.bmp。

本节的目的是举例说明 GUI 程序实现图像处理的过程,所以只针对灰度图像进行简单的图像处理,如果需要针对彩色图像进行图像处理或者实现不同的图像处理,则在"图像处理"部分采用不同的图像处理程序。

当前的程序中存在一个问题:选择"图像处理"按钮后,如果没有选择图像,而是单击"取消"按钮,则程序会报错,如图 2-16 所示,这是因为针对空的文件名执行了读取图像等操作。

图 2-16 单击"取消"按钮后程序报错

解决上述问题的方法是：在 ImgProcess_Callback() 函数中，在第一行语句后面增加下面的语句，即判断是否选择了图像文件，如果没有选择图像，则退出函数，这样则可避免上述错误的发生。

```
if filename == 0
    return;
end
```

2.3　在界面中增加参数输入功能

本节将讲解如何在 GUI 程序中完成参数输入并实现常用图像处理。

在第 2.2 节的图像处理程序中，处理图像的范围是"下方 1/4 行"，在程序中通过语句"for i=3/4*h:h"实现。如果要修改图像处理范围，则必须在程序中修改参数，但这样操作非常不便，一般友好的 GUI 都是用户在程序运行界面中输入参数或选择参数，下面将讲解在 GUI 界面中增加参数输入功能。

本节采用 MALTAB GUI 中的 list 组件，实现用户在界面中的参数选择。

从左侧工具栏选择 list 组件，在 test.fig 界面中画一个列表框，如图 2-17 所示。

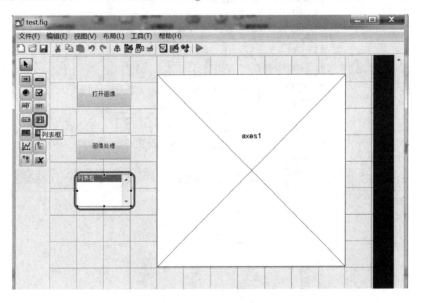

图 2-17　增加一个列表框控件

双击列表框，设置属性，如图 2-18 所示，Tag 属性保持不变，仍然为"listbox1"，重点是设置 String 属性，单击 String 右侧按钮，出现列表框内容编辑窗口，如图 2-19 所示，在窗口中输入列表框值 1/4、1/2、3/4，单击"确定"按钮。

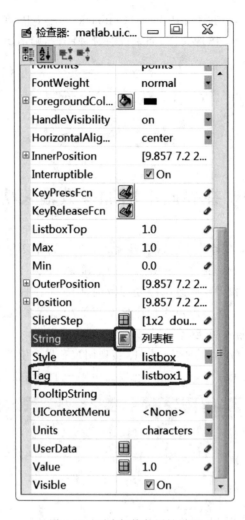

图 2-18 列表框控件属性设置

图 2-19 设置列表框内容

在 ImgProcess_Callback()函数中,增加下面的语句获取列表框值 list:

```
list = get(handles.listbox1,'Value');
```

在图像处理部分,通过 list 值控制图像处理的范围:

```
%2.图像处理
for i = list * 1/4 * h:h
    for j = 1:w/2
        Img(i,j) = 0;
    end
    for j = (w/2 + 1):w
        Img(i,j) = 255;
    end
end
```

单击"运行"按钮,在列表框中分别选择 1/4、1/2、3/4,再单击"图像处理"按钮,运行效果分别如图 2-20、图 2-21、图 2-22 所示。

由图 2-20 可知,当用户选择列表框中的"1/4"时,图像处理范围为图像下方 3/4 部分,即保留图像上方 1/4 部分不变;由图 2-21 可知,当用户选择列表框中的"1/2"时,图像处理范围为图像下方 1/2 部分;由图 2-22 可知,当用户选择列表框中的"3/4"时,图像处理范围为图像下方 1/4 部分。

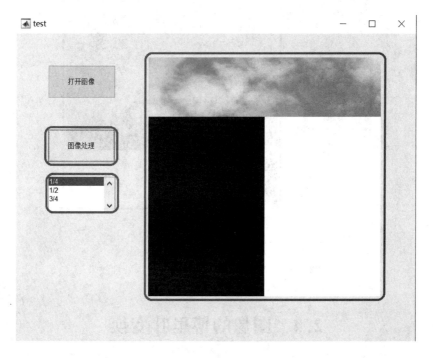

图 2-20　用户选择列表框中 1/4 时的图像处理效果

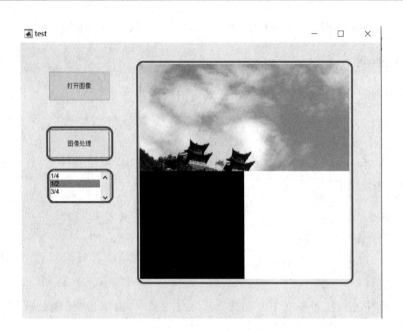

图 2-21 用户选择列表框中 1/2 时的图像处理效果

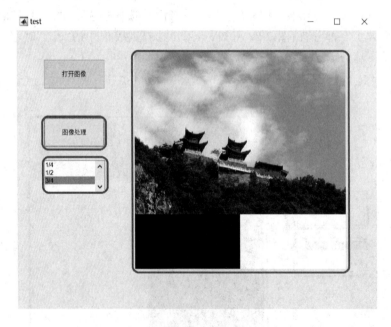

图 2-22 用户选择列表框中 3/4 时的图像处理效果

2.4 图像的傅里叶变换

本节将讲解如何在 GUI 程序中实现图像傅里叶变换。

在 test.fig 窗口中,增加一个按钮,双击按钮,设置按钮属性,设置 String 属性为"图像傅里叶变换",设置 Tag 属性为"ImgFFT"。

选择"图像傅里叶变换"按钮,右击选择"查看回调→Callback",进入回调函数 ImgFFT_Callback(),在函数中增加图像傅里叶变换,处理流程为:获取图像数据→图像傅里叶变换→显示图像傅里叶变换结果→保存图像。

ImgFFT_Callback()函数的内容如下:

```
%1.获取图像数据
[filename pathname filter] = uigetfile('*.bmp');
ImgFile = fullfile(pathname,filename);
Img = imread(ImgFile);
[w h] = size(Img);
%2.图像傅里叶变换
Imgfft = uint8(abs(fftshift(fft2(Img)))/100);
%3.显示图像傅里叶变换结果
axes(handles.axes1);
imshow(Imgfft);
%4.保存图像
imwrite(Imgfft,'Imgfft.bmp');
```

根据上面的操作会发现,GUI 界面中各个控件的字体大小较小,影响操作效果,可以将各个控件的字体 FontSize 均调整为 14 号。

单击"运行"按钮,在运行界面中单击"图像傅里叶变换"按钮,在文件选择窗口中选择 test1.bmp 图像文件,单击"打开"按钮,执行图像傅里叶变换后,界面显示效果如图 2-23 所示,图中显示了 test1.bmp 文件在二维傅里叶变换后的幅度频率谱图像。

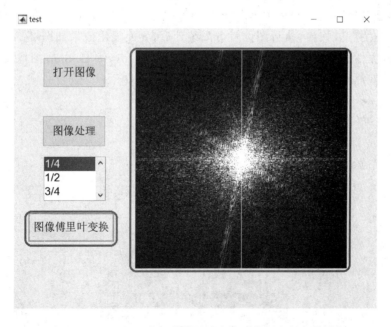

图 2-23　test1.bmp 在二维傅里叶变换后的幅度频率谱图像

2.5 图像增强

本节将讲解如何在 GUI 程序中实现图像增强,主要实现图像直方图统计和直方图均衡化。

2.5.1 图像直方图

在 test.fig 窗口中,在 axes 表右侧,增加一个按钮,双击按钮,设置按钮属性,设置 String 属性为"图像直方图",设置 Tag 属性为"ImgHist",设置 FontSize 属性为 14 号。

选择"图像直方图"按钮,右击选择"查看回调→Callback",进入回调函数 ImgHist_Callback(),在函数中增加图像直方图统计,处理流程为:获取图像数据→计算并显示图像直方图。

ImgHist_Callback()函数的内容如下:

```
%1.获取图像数据
[filename pathname filter] = uigetfile('*.bmp');
ImgFile = fullfile(pathname,filename);
Img = imread(ImgFile);
%2.计算并显示图像直方图
imhist(Img);
```

单击"运行"按钮,在运行界面中单击"图像直方图"按钮,在文件选择窗口中选择 test1.bmp 图像文件,单击"打开"按钮,执行图像直方图统计后,界面显示效果如图 2-24 所示,图中显示 test1.bmp 文件的图像直方图,从其直方图分布可以看出,test1.bmp 图像文件的整体亮度呈现明显的双峰特征。

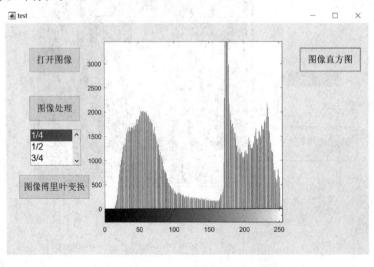

图 2-24 test1.bmp 文件的图像直方图

2.5.2 直方图均衡化

在 test.fig 窗口中，在 axes 表右侧，增加一个按钮，双击按钮，设置按钮属性，设置 String 属性为"直方图均衡化"，设置 Tag 属性为"ImgHisteq"，设置 FontSize 属性为 14 号。

选择"直方图均衡化"按钮，右击选择"查看回调→Callback"，进入回调函数 ImgHisteq_Callback()，在函数中增加直方图均衡化，处理流程为：获取图像数据→计算并显示直方图均衡化效果→保存图像。

ImgHisteq_Callback()函数的内容如下：

```
%1.获取图像数据
[filename pathname filter] = uigetfile('*.bmp');
ImgFile = fullfile(pathname,filename);
Img = imread(ImgFile);
%2.计算并显示直方图均衡化效果
histeq(Img);
%3.保存图像
b = histeq(Img);
imwrite(b,'test1_histeq.bmp');
```

单击"运行"按钮，在运行界面中单击"直方图均衡化"按钮，在文件选择窗口中选择 test1.bmp 图像文件，单击"打开"按钮，执行直方图均衡化后，界面显示效果如图 2-25 所示，图中显示 test1.bmp 文件的直方图均衡化效果，并且保存直方图均衡化后的图像为"test1_histeq.bmp"。

图 2-25　test1.bmp 文件的直方图均衡化效果

如果要观察 test1_histeq.bmp 图像文件的直方图，则在界面中单击"图像直方图"按钮，在文件选择窗口中选择 test1_histeq.bmp 图像文件,单击"打开"按钮,执行直方图统计后,界面显示效果如图 2-26 所示,可以看出 test1_histeq.bmp 图像文件的直方图分布更加均匀。

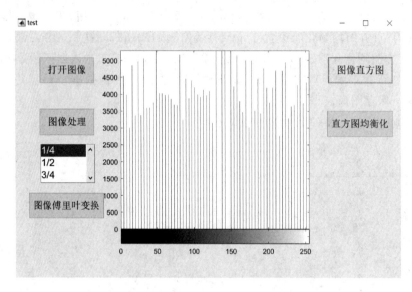

图 2-26　test1_histeq.bmp 图像文件的直方图

2.6　图像分割

本节将讲解如何在 GUI 程序中实现图像分割。

在 test.fig 窗口中,在 axes 表右侧,增加一个按钮,双击按钮,设置按钮属性,设置 String 属性为"图像分割",设置 Tag 属性为"ImgSegment",设置 FontSize 属性为 14 号。

选择"图像分割"按钮,右击选择"查看回调→Callback",进入回调函数 ImgSegment_Callback(),在函数中增加图像分割功能,处理流程为:获取图像数据→自动获取分割阈值→图像分割并显示结果→保存图像。

ImgSegment_Callback() 函数的内容如下:

```
%1.获取图像数据
[filename pathname filter] = uigetfile('*.bmp');
ImgFile = fullfile(pathname,filename);
Img = imread(ImgFile);
%2.自动获取分割阈值
T = graythresh(Img);
%3.图像分割并显示结果
result = im2bw(Img,T);
imshow(result);
%4.保存图像
imwrite(result,'test1_segmeng.bmp');
```

单击"运行"按钮,在运行界面中单击"图像分割"按钮,在文件选择窗口中选择 test1.bmp 图像文件,单击"打开"按钮,执行图像分割操作后,界面显示效果如图 2-27 所示,图中显示 test1.bmp 文件图像分割后的结果。这里使用最大类间方差法(OTSU)的自动阈值算法,获取的归一化阈值为 0.509 8。

图 2-27 test1.bmp 文件图像分割后的结果

本 章 小 结

本章以基本图像处理为应用实例,讲述如何使用 MATLAB GUI 技术实现带有用户界面的数字图像处理程序,主要包括 MATLAB GUI 的使用方法、使用 MATLAB GUI 实现基本图像处理、在界面中增加参数输入功能、图像的傅里叶变换、图像增强和图像分割。

第 3 章

数字图像处理的C语言程序实现

本章讲述数字图像处理的 C 语言程序实现。本章使用的 C 语言开发环境是 VS2012。本章将介绍 VS2012 的安装过程及其基本使用方法,包括新建工程、打开工程、运行工程等。本章将讲解如何在 VS 环境中使用 C 语言编程实现常用的数字图像处理,包括打开和显示图像、基本图像处理、保存图像和图像置乱。

本章安排如下:
- VS2012 的安装与使用;
- 打开和显示图像;
- 基本图像处理;
- 保存图像;
- 图像置乱。

3.1 VS2012 的安装与使用

1. VS2012 的安装

首先安装开发环境 VS2012,点击安装文件,将出现安装界面,如图 3-1 所示,选择"我同意许可条款和条件",单击"下一步"按钮,进入下一界面,如图 3-2 所示。

在要安装的可选功能中,取消"全选",选中"用于 C++的 Microsoft 基础类",单击"安装"按钮,出现安装过程界面,如图 3-3 所示,图 3-4 显示了安装完成的界面,单击"启动"按钮。

2. 新建工程

选择"文件→新建→项目",如图 3-5 所示,在这个界面中,选择"Visual C++→MFC 应用程序",输入项目名称,选择项目存储的位置,并勾选"为解决方案创建目录",单击"确定"按钮,这样可以在存储目录下新建一个项目目录。

本章设置项目名称为"ImgProcess",解决方案名称与项目名称相同。

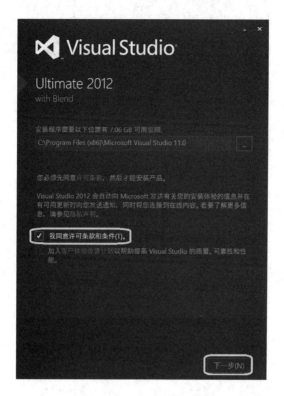

图 3-1 VS2012 安装界面（一）

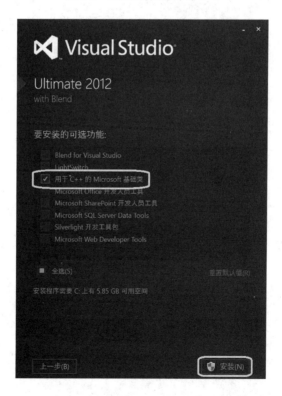

图 3-2 VS2012 安装界面（二）

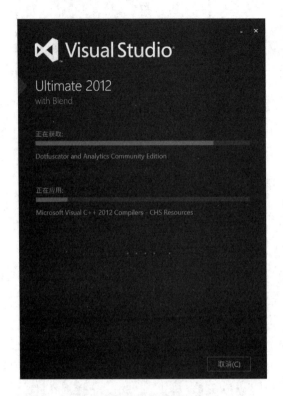

图 3-3　VS2012 安装界面（三）

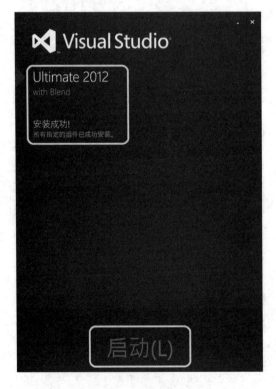

图 3-4　VS2012 安装界面（四）

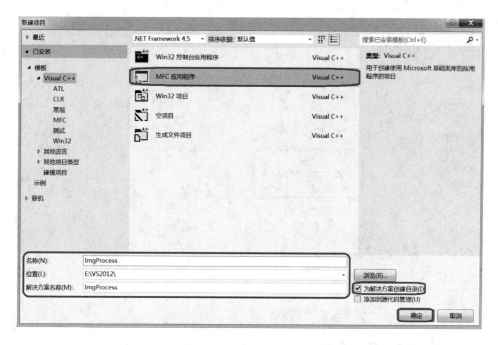

图 3-5 新建工程界面(一)

在图 3-6 中,不需要进行操作,直接单击"下一步"按钮。在图 3-7 中,选择应用程序类型为"基于对话框",这样生成一个基于对话框的程序。在图 3-8 中,选中"最大化框"和"最小化框",生成的程序右上角会出现最大化和最小化按钮,然后单击"完成"按钮。新建工程后的界面如图 3-9 所示。

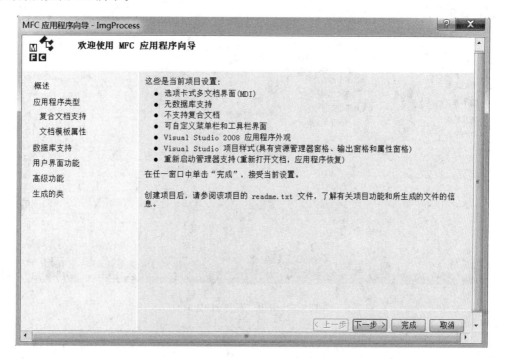

图 3-6 新建工程界面(二)

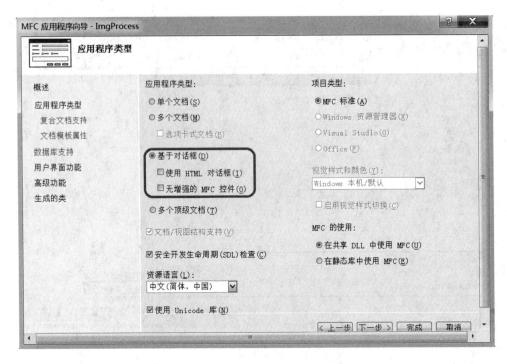

图 3-7　新建工程界面（三）

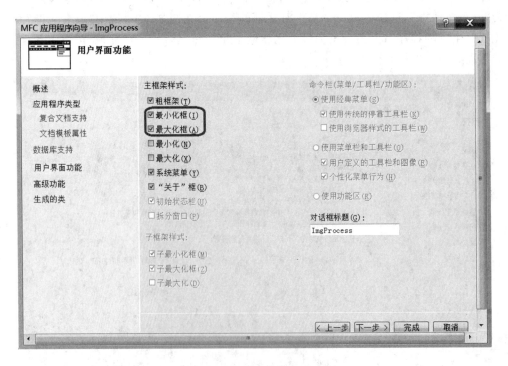

图 3-8　新建工程界面（四）

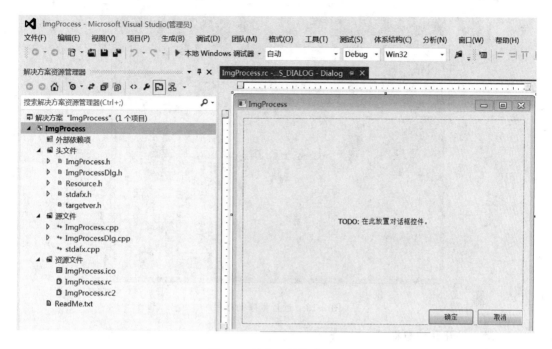

图 3-9 新建工程界面（五）

3. 运行工程

MFC 的程序运行一般分为两种方式：Debug 方式和 Release 方式。如图 3-10 所示，默认的程序运行方式为 Debug 方式，单击"运行"按钮，会出现如图 3-11 所示的界面，这表示需要重新编译生成程序，选择"是"，生成并运行程序，运行效果如图 3-12 所示。

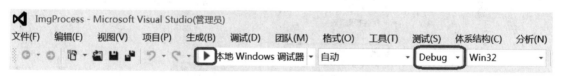

图 3-10 运行工程操作

图 3-11 生成新的运行工程

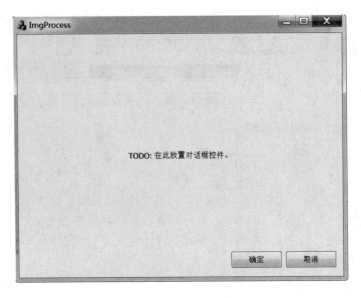

图 3-12 运行程序的效果

4．增加按钮和消息框

将鼠标移动到 VS2012 右侧的"工具箱"，会出现当前对话框界面下可以使用的各种组件，如图 3-13 所示。单击"Button"，在对话框界面中画出一个按钮"Button1"，如图 3-14 所示。双击"Button1"，在 ImgProcessDlg.cpp 中自动增加一个按钮点击事件响应函数 OnBnClickedButton1()，如图 3-15 所示。

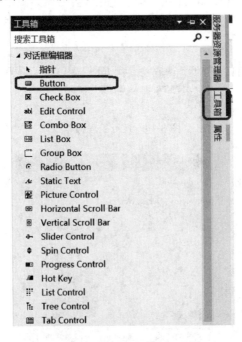

图 3-13 工具箱中的组件

图 3-14 在对话框中增加一个按钮

```
void CImgProcessDlg::OnBnClickedButton1()
{
    // TODO: 在此添加控件通知处理程序代码

}
```

图 3-15 自动生成的按钮点击事件响应函数

在响应函数 OnBnClickedButton1()中增加一条消息框的语句:

```
MessageBox(_T("这是一个图像处理程序!"));
```

注意:在显示消息外增加"_T()"进行类型转换,如图 3-16 所示。

```
void CImgProcessDlg::OnBnClickedButton1()
{
    // TODO: 在此添加控件通知处理程序代码
    MessageBox(_T("这是一个图像处理程序!"));
}
```

图 3-16 在按钮响应函数中增加对话框语句

增加 MessageBox 语句后,运行程序,当单击"Button1"按钮时,会出现一个消息框,并显示"这是一个图像处理程序!",如图 3-17 所示。

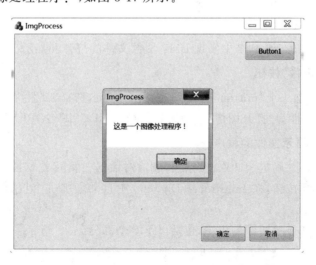

图 3-17 显示消息框效果

如果显示的消息框出现乱码，则一般是由字符集选择造成的，此时可以修改字符集，选择"解决方案"，右击选择"属性→配置属性→常规→字符集"，选择"使用多字节字符集"，如图 3-18 所示。

图 3-18　修改字符集框

3.2　打开和显示图像

本节将讲解如何在 VS2012 中实现 BMP 图像文件的打开和显示。

1. 增加"打开图像"按钮

在对话框中，增加一个"button"按钮，右击这个按钮，选择"属性"，设置该按钮的属性，其中设置 Caption 属性为"打开图像"，设置 ID 属性为"IDC_IMGOPEN"，如图 3-19 所示。

2. 增加打开和显示图像的程序

在对话框中，删除"确定"和"取消"按钮，删除对话框中间的文本框。

双击"打开图像"按钮，在 ImgProcessDlg.cpp 中自动增加一个按钮点击事件响应函数 OnBnClickedImgopen()。

下面增加打开和显示图像的程序，包括以下 3 个部分。

第3章 数字图像处理的C语言程序实现

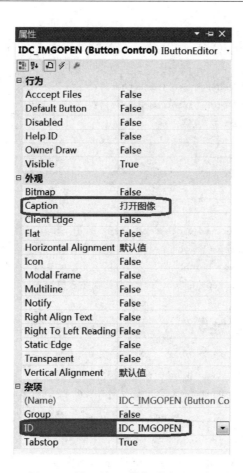

图 3-19　设置"打开图像"按钮的属性

（1）在头文件 ImgProcessDlg.h 中增加变量

```
CFile File;                            //文件对象
BITMAPFILEHEADER bmfHeader;            //原文件的文件头
BITMAPINFOHEADER bmiHeader;            //原文件的信息头
BITMAPINFOHEADER bmiHeaderdis;         //显示图像用的信息头
CString pathname;                      //存储文件的目录和文件名
LPSTR poDIB;                           //存储原始的数据
LPSTR pDIB;                            //图像处理的数据
LPSTR pdisDIB;                         //显示中的数据
int widthstep;                         //每行图像数据的字节数
long width,height;                     //表示图像原始大小
```

（2）在函数 OnBnClickedImgopen() 中增加图像打开程序

```
//1.图像文件打开
CFileDialog dlg(TRUE,0,0, OFN_HIDEREADONLY,0,0);
if(dlg.DoModal() == IDCANCEL)
    return;
```

· 31 ·

```
pathname = dlg.GetPathName();
File.Open(pathname,CFile::modeRead);
//2.文件头和参数读取
File.Read((LPSTR)&bmfHeader,sizeof(bmfHeader));
File.Read((LPSTR)&bmiHeader,sizeof(bmiHeader));
bmiHeaderdis = bmiHeader;
width = bmiHeader.biWidth;
height = bmiHeader.biHeight;
//3.内存分配
widthstep = 3 * width;
if(widthstep % 4)
    widthstep = widthstep + (4-widthstep % 4);
poDIB = new char[widthstep * height];     //原始文件的数据
pDIB = new char[widthstep * height];      //图像处理的数据
pdisDIB = new char[widthstep * height];   //图像显示的数据
//4.图像数据读取
File.Read(poDIB,3 * width * height);
File.Close();
//5.图像处理
memcpy(pDIB,poDIB,widthstep * height);//复制到图像处理 pDIB
memcpy(pdisDIB,poDIB,widthstep * height);//复制到图像显示 pdisDIB
//6.图像显示
OnPaint();
```

(3) 在 OnPaint() 函数中的 else 分支增加显示图像程序

```
CDC * pDC = GetDC();
StretchDIBits(pDC->m_hDC,
    0,                    //起始点的 X 坐标
    0,                    //起始点的 X 坐标
    width,
    height,
    0,                    //原图像中起点的 X 坐标
    0,                    //原图像中起点的 Y 坐标
    width,                //原图像的宽度
    height,               //原图像的长度
    pdisDIB,              //图像显示数据的指针
    (BITMAPINFO *)&bmiHeaderdis,//文件头的指针
    DIB_RGB_COLORS,
    SRCCOPY);
```

本章选择两幅作者自己采集并制作的图像文件 test1.bmp 和 test2.bmp 作为测试图像,其中 test1.bmp 为 512×512 的 8 位灰度图像,test2.bmp 为 512×512 的 24 位彩色图像。

运行程序,单击"打开图像"按钮,选择 24 位彩色图像 test2.bmp,图像数据会显示在程

序界面中,效果如图 3-20 所示。

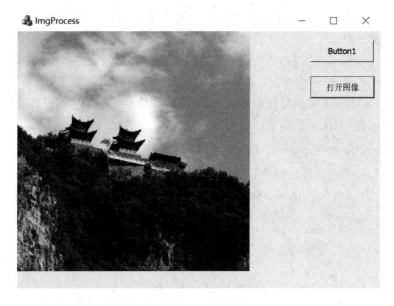

图 3-20　打开并显示 24 位彩色图像

3. 打开和显示图像程序分析

与程序部分对应,分析部分也分为 3 个部分。

(1) 在头文件中增加变量

在头文件 ImgProcessDlg.h 中增加的变量是类的全局变量,全局变量是在整个 CPP 中可以使用的变量,而不是只在某个函数中使用的变量。

(2) 图像打开程序

在 ImgProcessDlg.cpp 文件的函数 OnBnClickedImgopen()中添加的图像打开程序主要包括 6 个部分。

① 图像文件打开。通过文件选择框选择文件,并用 File 类对象打开图像文件。

② 文件头和参数读取。读取图像文件的文件头 bmfHeader 和信息头 bmiHeader,获取图像的宽 width 和高 height,并且将 bmiHeader 赋值给显示用的信息头 bmiHeaderdis。

③ 内存分配。在内存分配前,计算每行图像数据的字节数 widthstep,通过计算保证 widthstep 是 4 的整数倍。为原始文件数据 poDIB、图像处理的数据 pDIB、图像显示的数据 pdisDIB 分配内存空间。

④ 图像数据读取。24 位图像没有调色板数据,直接读取 3×width×height 字节的数据,并存储在 poDIB。

⑤ 图像处理。此处没有进行图像处理,而是直接将 poDIB 复制到 pDIB 和 pdisDIB。

⑥ 图像显示。调用 OnPaint()函数,在该函数中将图像数据显示在程序界面上。

(3) 图像显示程序

在 OnPaint()函数的 else 分支中,通过 StretchDIBits()函数实现图像显示,其中依次定义界面中显示图像的范围、原始图像数据的范围、显示图像数据、显示图像用的文件信息头。在本程序中显示图像数据为 pdisDIB,显示图像用的文件信息头为 bmiHeaderdis。

4. 图像打开与显示方面存在的问题

以上程序虽然能够实现图像的打开和显示,但是存在两方面的问题。

(1) 缺少安全控制

在执行 File 类操作中,没有安全控制;分配存储空间时,没有安全控制。

(2) 只能针对 24 位图像实现打开和显示

只能针对 24 位图像实现打开和显示,不能针对 8 位灰度图像实现打开和显示。

针对上述问题,解决方法如下。

5. 在 OnBnClickedImgopen( ) 函数中增加安全控制

(1) 针对 File 类操作进行安全控制

执行 File.Open( ) 和 File.Read( ) 函数时增加安全控制,以下面的程序为例:

```
if(!File.Open(pathname,CFile::modeRead))
{    MessageBox(_T("open file failed"));
     return;
}
if(File.Read((LPSTR)&bmfHeader,sizeof(bmfHeader))!=sizeof(bmfHeader))
{    MessageBox(_T("read bmfHeader error"));
     return;
}
```

(2) 在分配存储空间时增加安全控制

针对 poDIB、pDIB、pdisDIB 增加安全控制,以 poDIB 为例:

```
if(poDIB)
    delete []poDIB;
poDIB = new char[widthstep2 * height];        //存储原始文件的数据
```

本章最后附有增加安全控制后的完整程序。

6. 针对 8 位灰度图像实现打开和显示

在 VS2012 中,针对 8 位灰度图像的打开和显示更复杂,需要将 8 位图像数据转换为 24 位图像数据进行显示,包括下面 3 个部分。

(1) 在头文件 ImgProcessDlg.h 中增加变量和函数声明

针对 8 位灰度图像,需要增加调色板操作,包括下面的变量和函数声明:

```
long i,j;                    //循环变量
LPSTR lpSrc;                 //原图像的指针
LPSTR lpDst;                 //目标图像的指针
int numQuad;                 //存储调色板的数目
LPSTR QuadDIB;               //调色板数据
BOOL GraytoRGB(LPSTR poDIB,LPSTR pDIB, int width, int height);
```

(2) 在函数 OnBnClickedImgopen( ) 中实现 24 位和 8 位图像数据读取

```
if(bmiHeader.biBitCount==24)          //24 位图像数据读取
{   SetWindowText(_T("当前为 24 位彩色图像"));
    if(File.Read(poDIB,3*width*height)!=3*width*height)
    {   MessageBox(_T("read data failed"));
        return;
    }
    File.Close();
    memcpy(pDIB,poDIB,widthstep*height);//复制到图像处理数据 pDIB
    memcpy(pdisDIB,poDIB,widthstep*height);
}
else if(bmiHeader.biBitCount==8)       //8 位图像数据读取
{   SetWindowText(_T("当前为 8 位灰度图像"));
    numQuad = 256;
    if(QuadDIB)
        delete[]QuadDIB;
    QuadDIB = new char[4*numQuad];     //调色板数据
    //读取调色板
    if(File.Read(QuadDIB,4*numQuad)!=4*numQuad)
    {   MessageBox(_T("read 调色板 failed"));
        return;
    }
    if(File.Read(poDIB,width*height)!=width*height)
    {   MessageBox(_T("read data failed"));
        return;
    }
    File.Close();
    memcpy(pDIB,poDIB,width*height);//复制到图像处理数据 pDIB
    GraytoRGB(pDIB,pdisDIB,width,height);    //8bit 转为 24bit
    bmiHeaderdis.biBitCount = 24;            //更新显示用的图像信息头
}
```

针对 8 位图像数据的读取,需要读取调色板数据,并且将 8 位数据转换为 24 位数据,这里使用 GraytoRGB()函数实现。

(3) 增加 GraytoRGB()函数定义

```
BOOL CImgProcessDlg::GraytoRGB(LPSTR poDIB,LPSTR pDIB, int width, int height)    //poDIB:表
示灰度图像数据,pDIB:表示 24 位图像的数据
{
    int widthstep = width;
    if(widthstep%4)
        widthstep = widthstep + (4-widthstep%4);
    int widthstep2 = 3*width;
    if(widthstep2%4)
        widthstep2 = widthstep2 + (4-widthstep2%4);
```

```
        for(i = 0;i < height;i ++ )
    {   for(j = 0;j < width;j ++ )
        {   lpSrc = poDIB + widthstep * (height-1-i) + j;
            lpDst = pDIB + widthstep2 * (height-1-i) + 3 * j;
            * lpDst = * lpSrc;
            * (lpDst + 1) = * lpSrc;
            * (lpDst + 2) = * lpSrc;
        }
    }
    return 1;
}
```

GraytoRGB()函数的功能是实现 8 位灰度图像数据到 24 位图像数据的转换。因为界面显示需要 24 位数据,当前数据 pDIB 是 8 位数据,所以需要通过该函数转换为 24 位数据 pdisDIB,即根据 pDIB 当前位置的灰度值 gray,使得 pdisDIB 当前位置的 R、G、B 都等于这个灰度值 gray。

注意,本节使用的 8 位转 24 位图像数据的方式,只针对默认灰度图像格式,不支持所有索引图像的转换。

完整的索引图像转换应该将当前位置的灰度值 gray 作为索引值,在调色板数据中找到对应调色板的 R、G、B 值,作为当前位置的 24 位图像数据。

本章最后附有增加 8 位图像打开和显示的完整程序。

运行程序,单击"打开图像"按钮,选择 8 位灰度图像 test1.bmp,图像数据会显示在程序界面中,效果如图 3-21 所示。

图 3-21 打开并显示 8 位灰度图像

3.3 基本图像处理

本节将讲解如何对图像数据进行基本图像处理。

1. 增加"图像处理"按钮

在对话框中,增加一个"button"按钮,右击这个按钮,选择"属性",设置该按钮的属性,其中,设置 Caption 属性为"图像处理",设置 ID 属性为"IDC_IMGPROCESS",如图 3-22 所示。

图 3-22　设置"图像处理"按钮的属性

2. 增加图像处理程序

双击"图像处理"按钮,在 ImgProcessDlg.cpp 中自动增加一个按钮点击事件响应函数 OnBnClickedImgprocess()。

本部分将对被选择图像的下方 1/4 行进行图像处理,每行前半部分赋黑,每行后半部分赋白,最终的效果与图 2-15 的效果相同,并且同时支持 24 位和 8 位图像。

在函数 OnBnClickedImgprocess()中,分别针对 24 位和 8 位图像进行处理,处理后在

OnPaint()函数中显示,下面是增加的程序:

```
    if(bmiHeader.biBitCount == 24)                //针对24位图像进行处理
    {   int widthstep2 = 3 * width;
        if(widthstep2 % 4)
            widthstep2 = widthstep2 + (4-widthstep2 % 4);
        for(i = (height * 3/4);i < height;i++)    //针对下方1/4行进行图像处理
        {   for(j = 0;j < width;j++)
            {   lpSrc = pDIB + widthstep2 * (height-1-i) + 3 * j;
                if(j < width/2)                   //每行前半部分赋黑
                {   * lpSrc = 0;
                    * (lpSrc + 1) = 0;
                    * (lpSrc + 2) = 0;
                }
                else                              //每行后半部分赋白
                {   * lpSrc = 255;
                    * (lpSrc + 1) = 255;
                    * (lpSrc + 2) = 255;
                }
            }
        }
        memcpy(pdisDIB,pDIB,widthstep2 * height);
    }
    else if(bmiHeader.biBitCount == 8)            //针对8位图像进行处理
    {   int widthstep = width;
        if(widthstep % 4)
            widthstep = widthstep + (4-widthstep % 4);
        for(i = (height * 3/4);i < height;i++)    //针对下方1/4行进行图像处理
        {   for(j = 0;j < width;j++)
            {   lpSrc = pDIB + widthstep * (height-1-i) + j;
                if(j < width/2)                   //每行前半部分赋黑
                    * lpSrc = 0;
                else                              //每行后半部分赋白
                    * lpSrc = 255;
            }
        }
        GraytoRGB(pDIB,pdisDIB,width,height);
    }
    OnPaint();
```

运行程序,首先单击"打开图像"按钮,选择24位彩色图像test2.bmp,然后单击"图像处理"按钮,图像处理后的结果会显示在程序界面中,如图3-23所示。

运行程序,首先单击"打开图像"按钮,选择8位灰度图像test1.bmp,然后单击"图像处理"按钮,图像处理后的结果会显示在程序界面中,如图3-24所示。

图 3-23 对 24 位彩色图像进行处理的结果

图 3-24 对 8 位灰度图像进行处理的结果

3. 增加安全控制

上述程序要求用户首先通过"打开图像"按钮选择图像,然后再单击"图像处理"按钮实现对选择图像的图像处理。但是如果用户没有选择图像,而是直接单击"图像处理"按钮,将不能实现预期的效果,所以为了保证用户先选择图像,再进行图像处理,需要增加安全控制。

(1) 在头文件 ImgProcessDlg.h 中增加布尔变量

增加标识是否已经打开图像的布尔变量 IsFileOpen,下面是增加的程序:

```
BOOL IsFileOpen;              //表示是否打开图像
```

（2）在 ImgProcessDlg.cpp 文件的构造函数中设置初值

在构造函数 CImgProcessDlg() 中设置 IsFileOpen 为 0,表示程序启动时布尔变量 IsFileOpen 为假,对应下面的程序：

```
IsFileOpen = 0;
```

（3）在完成图像打开程序后修改 IsFileOpen 为真

在打开图像的响应函数 OnBnClickedImgopen() 中,在完成图像打开和显示程序后,修改 IsFileOpen 为真,对应下面的程序：

```
IsFileOpen = 1;
```

（4）在图像处理响应函数中先判断是否打开图像

在图像处理响应函数 OnBnClickedImgprocess() 的开始位置,增加下面的程序。先判断是否打开图像,如果已经打开图像,则执行后面的图像处理程序；如果还没有打开图像,则提示用户"没有打开图像,请先通过"打开图像"按钮选择图像!",并退出函数。

```
if(IsFileOpen == 0)
{
    MessageBox(_T("没有打开图像,请先通过"打开图像"按钮选择图像!"));
    return;
}
```

运行程序,如果用户没有单击"打开图像"按钮,则直接单击"图像处理"按钮,运行效果如图 3-25 所示。

图 3-25　没有单击"打开图像"按钮而是直接单击"图像处理"按钮

3.4 保存图像

1. 增加"保存图像"按钮

在对话框中,增加一个"button"按钮,右击这个按钮,选择"属性",设置该按钮的属性,其中设置 Caption 属性为"保存图像",设置 ID 属性为"IDC_IMGSAVE"。

2. 添加保存图像程序

双击"保存图像"按钮,在 ImgProcessDlg.cpp 中自动增加一个按钮点击事件响应函数 OnBnClickedImgsave()。

本部分对正在处理的图像数据 pDIB 进行保存,保存为 BMP 图像,并且同时支持 24 位和 8 位图像。下面是 OnBnClickedImgsave() 函数的完整程序:

```
if(!IsFileOpen)                        //判断是否打开图像
{   MessageBox(_T("还没有打开文件"));
    return;
}
//1.输入图像文件名
CFileDialog dlg(FALSE,0,0,OFN_HIDEREADONLY,_T("BMP file( * .bmp)| * .bmp||"),0);
if(dlg.DoModal() == IDCANCEL)
{   MessageBox(_T("没有存储文件"));
    return;
}
//2.打开图像文件
pathname = dlg.GetPathName();
pathname + = ".bmp";
SetWindowText(pathname);               //显示文件路径
if(!File.Open(pathname,CFile::modeCreate|CFile::modeNoTruncate|CFile::modeWrite))
{   MessageBox(_T("open file failed"));
    return;
}
//3.保存文件头和信息头
File.Write(&bmfHeader,14);
File.Write(&bmiHeader,40);
//4.保存图像数据
if(bmiHeader.biBitCount == 24)         //24 位图像仅保存图像数据
    File.Write(pDIB,3 * width * height);
else if(bmiHeader.biBitCount == 8)     //8 位图像保存调色板和图像数据
{   File.Write(QuadDIB,4 * numQuad);
    File.Write(pDIB,width * height);
}
File.Close();
```

保存图像的程序主要包括 4 个部分:输入图像文件名;打开图像文件;保存文件头和信息头;保存图像数据。其中,需要注意:对于 24 位图像数据,仅需要保存当前的图像数据 pDIB,数据长度为 $3\times width\times height$;对于 8 位图像数据,需要保存调色板 QuadDIB 和当前的图像数据 pDIB,调色板长度为 4×256,数据长度为 $width\times height$。

运行程序,单击"打开图像"按钮,选择 8 位灰度图像 test1.bmp,单击"图像处理"按钮,图像处理后的结果会显示在程序界面中,再单击"保存图像"按钮,在保存图像对话框中,输入图像文件名"new",单击"保存"按钮,在对应目录下保存当前处理结果为"new.bmp"。运行效果如图 3-26 和图 3-27 所示。

图 3-26 保存图像

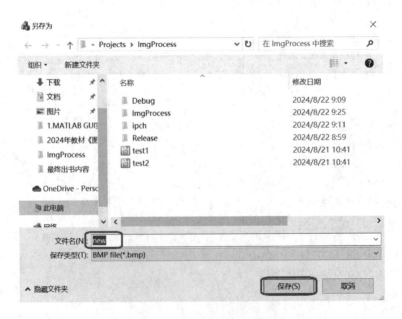

图 3-27 保存图像对话框

在保存目录下生成的 new.bmp 如图 3-28 所示。

图 3-28　new.bmp

关于图像文件格式的说明:本章主要介绍在 VS2012 中完成基本图像处理的过程,所以只讲述 BMP 文件格式下图像的打开、显示、处理和保存。若想完成更多文件格式下的图像处理,如 jpg、png、tif 等格式,则需要借助文件支持库,如 freeimage、opencv 等。

3.5　图像置乱

针对 8 位灰度图像和 24 位彩色图像,本章通过编程实现图像置乱和图像解置乱。

3.5.1　8 位灰度图像的置乱

本节通过编程实现 8 位灰度图像的置乱。

1. 增加"图像置乱"按钮

在对话框中,增加一个"button"按钮,右击这个按钮,选择"属性",设置该按钮的属性,其中设置 Caption 属性为"图像置乱",设置 ID 属性为"IDC_IMGZHILUAN"。

2. 增加图像置乱库函数

在头文件 ImgProcessDlg.h 中,增加置乱库函数的声明:

```
void ZHILUAN(LPSTR pDIB,int width,int height,int ZhiluanNum);
```

在源文件 ImgProcessDlg.cpp 中,增加置乱库函数的定义:

```
void CImgProcessDlg::ZHILUAN(LPSTR pDIB,int width,int height,int ZhiluanNum)
{
    int round;    //进行置乱的轮数
    int x,y;//表示进行置乱中的位置
    LPSTR ptempDIB;    //置乱用的暂存图像控件
    widthstep = width;
    if(widthstep % 4)
        widthstep = widthstep + (4-widthstep % 4);
    ptempDIB = new char[widthstep * height];
    memcpy(ptempDIB,pDIB,widthstep * height);
    for (round = 0;round < ZhiluanNum;round ++ )
    {
        for(i = 0;i < height;i ++ )
        {
            for(j = 0;j < width;j ++ )
            {
                x = (i+1)+(j+1);
                y = (j+1)+2*(i+1);
                x = x-1;
                y = y-1;
                if(y > = height)
                    y = y % height ;
                if(x > = width)
                    x = x % width ;
                lpSrc = (char *)(ptempDIB + (height-1-i) * widthstep + j);
                lpDst = (char *)(pDIB + (height-1-y) * widthstep + x);
                * lpDst = * lpSrc;
            }
        }
        memcpy(ptempDIB,pDIB,widthstep * height);
    }
    delete []ptempDIB;
}
```

3. 添加图像置乱按钮响应程序

本部分通过调用上一部分中的置乱库函数,对正在处理的图像数据 pDIB 进行置乱处理,置乱过程中需要用到变量 ZhiluanNum。本部分依次用到下面的程序。

在头文件 ImgProcessDlg.h 中,增加变量 ZhiluanNum 的定义:

```
int ZhiluanNum;
```

在源文件 ImgProcessDlg.cpp 的构造函数 CImgProcessDlg()中,增加变量 ZhiluanNum 的初始值定义,这里设置为 30:

```
ZhiluanNum = 30;
```

双击"图像置乱"按钮,在 ImgProcessDlg.cpp 中自动增加一个按钮点击事件响应函数 OnBnClickedImgzhiluan(),在该函数中,增加语句实现图像置乱,函数 OnBnClickedImgzhiluan ()的程序如下:

```
void CImgProcessDlg::OnBnClickedImgzhiluan()
{
    // TODO:在此添加控件通知处理程序代码
    if(!IsFileOpen)
    {
        MessageBox(_T("还没有打开文件"));
        return;
    }
    ZHILUAN(pDIB,width,height,ZhiluanNum);
    GraytoRGB(pDIB,pdisDIB,width,height);
    bmiHeaderdis.biBitCount = 24;
    OnPaint();
}
```

本章为展示对 256×256 的 8 位灰度图像的置乱效果,将 test1.bmp 的宽高缩小为 256×256,保存为 test1_256.bmp,该图像为 256×256 的 8 位灰度图像。

运行程序,单击"打开图像"按钮,选择 test1_256.bmp,如图 3-29 所示。单击"图像置乱"按钮,图像置乱后的结果会显示在程序界面中,如图 3-30 所示。如果要保存图像置乱后的结果,单击"保存图像"按钮,在保存图像对话框中,输入图像文件名"zhiluan",单击"保存"按钮,在对应目录下保存当前处理结果为 zhiluan.bmp。

图 3-29 256×256 的 8 位灰度图像

图 3-30　置乱后的 8 位灰度图像

3.5.2　8 位灰度图像的解置乱

本节通过编程实现 8 位灰度图像的解置乱。

1. 增加"图像解置乱"按钮

在对话框中,增加一个"button"按钮,右击这个按钮,选择"属性",设置该按钮的属性,其中设置 Caption 属性为"图像解置乱",设置 ID 属性为"IDC_IMGIZHILUAN"。

2. 添加图像解置乱按钮响应程序

由于图像置乱是具有周期性的操作,所以图像的解置乱也是调用第 3.5.1 节中的置乱库函数,只要将图像解置乱次数设置为合适的次数,则可恢复原始图像,这里,图像解置乱次数＝置乱周期数－置乱次数。不同宽和高的图像,置乱周期数不同:对于 256×256 的图像,置乱周期数为 192;对于 512×512 的图像,置乱周期数为 384。本节只考虑 256×256 和 512×512 两种图像。

例如,在第 3.5.1 节中,对于 256×256 的图像,置乱次数为 30,则图像解置乱次数＝192－30＝162。

双击"图像解置乱"按钮,在 ImgProcessDlg.cpp 中自动增加一个按钮点击事件响应函数 OnBnClickedImgizhiluan(),在该函数中,通过增加语句来实现图像解置乱,函数 OnBnClickedImgizhiluan()的程序如下:

```
void CImgProcessDlg::OnBnClickedImgizhiluan()
{
    // TODO:在此添加控件通知处理程序代码
    if(!IsFileOpen)
    {
        MessageBox(_T("还没有打开文件"));
```

```
        return;
    }
    int zhouqi;      //置乱周期
    if(width==256)
        zhouqi = 192;
    else if(width==512)
        zhouqi = 384;
    else
    {
        MessageBox(_T("不符合置乱要求"));
        return;
    }
    ZHILUAN(pDIB,width,height,zhouqi-ZhiluanNum);
    GraytoRGB(pDIB,pdisDIB,width,height);
    bmiHeaderdis.biBitCount = 24;
    OnPaint();
}
```

运行程序,单击"打开图像"按钮,选择 test1_256.bmp,单击"图像置乱"按钮,图像置乱后的结果会显示在程序界面中,再单击"图像解置乱"按钮,界面将显示解置乱的效果,如图 3-31 所示,说明本程序支持 256×256 的 8 位灰度图像的图像置乱和图像解置乱。

图 3-31 256×256 的 8 位灰度图像的解置乱效果

本程序同时支持 512×512 的 8 位灰度图像的置乱和解置乱。运行程序,单击"打开图像"按钮,选择 512×512 的 8 位灰度图像 test1.bmp,如图 3-32 所示。单击"图像置乱"按钮,图像置乱后的结果会显示在程序界面中,如图 3-33 所示。再单击"图像解置乱"按钮,界面将显示解置乱的效果,如图 3-34 所示,说明本程序支持 512×512 的 8 位灰度图像的图像置乱和图像解置乱。

图 3-32　512×512 的 8 位灰度图像

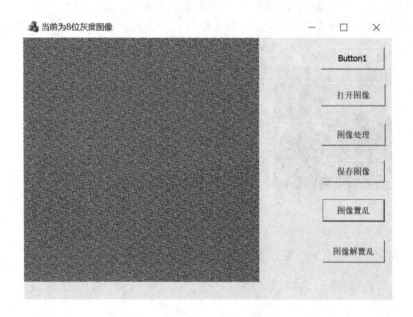

图 3-33　512×512 的 8 位灰度图像的置乱效果

图 3-34　512×512 的 8 位灰度图像的解置乱效果

3.5.3　24 位彩色图像的置乱

本节通过编程实现 24 位彩色图像的置乱。

第 3.5.1 节和 3.5.2 节中的程序只针对 8 位灰度图像进行置乱和解置乱操作,要使程序同时支持 8 位灰度图像和 24 位彩色图像的置乱和解置乱操作,需要对图像置乱函数 ZHILUAN()、消息响应函数 OnBnClickedImgzhiluan()以及消息响应函数 OnBnClickedImgizhiluan()进行修改。

1. 修改图像置乱函数 ZHILUAN()

在源文件 ImgProcessDlg.cpp 的置乱函数 ZHILUAN()中,增加对 8 位灰度图像和 24 位彩色图像的分类控制程序,修改后的置乱函数 ZHILUAN()如下:

```
void CImgProcessDlg::ZHILUAN(LPSTR pDIB,int width,int height,int ZhiluanNum)
{
    int round;   //进行置乱的轮数
    int x,y;//表示进行置乱中的位置
    LPSTR ptempDIB;   //置乱用的暂存图像控件
    if(bmiHeader.biBitCount = = 8)
    {    widthstep = width;
        if(widthstep % 4)
            widthstep = widthstep + (4-widthstep % 4);
    }
    else if(bmiHeader.biBitCount = = 24)
    {    widthstep = 3 * width;
```

```
            if(widthstep % 4)
                widthstep = widthstep + (4-widthstep % 4);
    }
    ptempDIB = new char[widthstep * height];
    memcpy(ptempDIB,pDIB,widthstep * height);
    if(bmiHeader.biBitCount = = 8)
    {
        for (round = 0;round < ZhiluanNum;round + + )
        {
            for(i = 0;i < height;i + + )
            {
                for(j = 0;j < width;j + + )
                {
                    x = (i + 1) + (j + 1);
                    y = (j + 1) + 2 * (i + 1) ;
                    x = x - 1;
                    y = y - 1;
                    if(y > = height)
                        y = y % height ;
                    if(x > = width)
                        x = x % width ;
                    lpSrc = (char * )(ptempDIB + (height-1-i) * widthstep + j);
                    lpDst = (char * )(pDIB + (height-1-y) * widthstep + x);
                    * lpDst = * lpSrc;
                }
            }
            memcpy(ptempDIB,pDIB,widthstep * height);
        }
    }
    else if(bmiHeader.biBitCount = = 24)
    {
        for (round = 0;round < ZhiluanNum;round + + )
        {
            for(i = 0;i < height;i + + )
            {
                for(j = 0;j < width;j + + )
                {
                    x = (i + 1) + (j + 1);
                    y = (j + 1) + 2 * (i + 1) ;
                    x = x - 1;
                    y = y - 1;
                    if(y > = height)
                        y = y % height ;
                    if(x > = width)
```

```
                    x = x % width;
                lpSrc = (char *)(ptempDIB + (height-1-i) * widthstep + j * 3);
                lpDst = (char *)(pDIB + (height-1-y) * widthstep + x * 3);
                * lpDst = * lpSrc;
                * (lpDst + 1) = * (lpSrc + 1);
                * (lpDst + 2) = * (lpSrc + 2);
            }
        }
        memcpy(ptempDIB,pDIB,widthstep * height);
    }
    delete []ptempDIB;
}
```

2. 修改消息响应函数 OnBnClickedImgzhiluan( )

在源文件 ImgProcessDlg.cpp 的消息响应函数 OnBnClickedImgzhiluan()中,增加对 8 位灰度图像和 24 位彩色图像的分类控制程序,修改后的消息响应函数 OnBnClickedImgzhiluan()如下:

```
void CImgProcessDlg::OnBnClickedImgzhiluan()
{
    // TODO:在此添加控件通知处理程序代码
    if(!IsFileOpen)
    {
        MessageBox(_T("还没有打开文件"));
        return;
    }
    ZHILUAN(pDIB,width,height,ZhiluanNum);
    if(bmiHeader.biBitCount == 8)
    {
        GraytoRGB(pDIB,pdisDIB,width,height);
        bmiHeaderdis.biBitCount = 24;
    }
    else if(bmiHeader.biBitCount == 24)
    {
        memcpy(pdisDIB,pDIB,3 * width * height);
    }
    OnPaint();
}
```

运行程序,单击"打开图像"按钮,选择一幅 512×512 的 24 位彩色图像 test2.bmp,如图 3-35 所示。单击"图像置乱"按钮,图像置乱后的结果会显示在程序界面中,如图 3-36 所示,说明本程序支持 512×512 的 24 位彩色图像的图像置乱。

图 3-35　512×512 的 24 位彩色图像

图 3-36　512×512 的 24 位彩色图像的置乱效果

3.5.4　24 位彩色图像的解置乱

在源文件 ImgProcessDlg.cpp 的消息响应函数 OnBnClickedImgizhiluan() 中,增加对 8 位灰度图像和 24 位彩色图像的分类控制程序,修改后的消息响应函数 OnBnClickedImgizhiluan() 如下:

```
void CImgProcessDlg::OnBnClickedImgizhiluan()
{
    // TODO:在此添加控件通知处理程序代码
    if(!IsFileOpen)
    {
        MessageBox(_T("还没有打开文件"));
        return;
    }
    int zhouqi;
    if(width = = 256)
        zhouqi = 192;
    else if(width = = 512)
        zhouqi = 384;
    else
    {
        MessageBox(_T("不符合置乱要求"));
        return;
    }
    ZHILUAN(pDIB,width,height,zhouqi-ZhiluanNum);
    if(bmiHeader.biBitCount = = 8)
    {
        GraytoRGB(pDIB,pdisDIB,width,height);
        bmiHeaderdis.biBitCount = 24;
    }
    else if(bmiHeader.biBitCount = = 24)
    {
        memcpy(pdisDIB,pDIB,3 * width * height);
    }
    OnPaint();
}
```

运行程序,单击"打开图像"按钮,选择一幅 512×512 的 24 位彩色图像,单击"图像置乱"按钮,图像置乱后的结果会显示在程序界面中,再单击"图像解置乱"按钮,图像解置乱后的效果将显示在界面上,如图 3-37 所示,说明本程序支持 512×512 的 24 位彩色图像的图像解置乱。

关于置乱次数的说明如下。图像置乱次数是通过对变量 ZhiluanNum 进行赋值实现的,本程序在源文件 ImgProcessDlg.cpp 的构造函数 CImgProcessDlg()中,对变量 ZhiluanNum 赋初始值为 30,也可以修改为其他数值,但是置乱次数必须小于当前图像的置乱周期数。

数字图像处理的实现与应用

图 3-37　512×512 的 24 位彩色图像的解置乱效果

本 章 小 结

本章讲述数字图像处理的 C 语言编程实现。首先介绍 VS2012 的安装过程及基本使用方法，然后讲解如何在 VS 环境中用 C 语言编程实现常用的数字图像处理，包括打开和显示图像、基本图像处理、保存图像和图像置乱。如果有同学想学习数字图像水印的 C 语言实现，可参考文献[1]。

本章主要图像处理程序

(1) 头文件 ImgProcessDlg.h 的主要程序

```
class CImgProcessDlg : public CDialogEx
{///构造
public:
    CImgProcessDlg(CWnd * pParent = NULL);   //标准构造函数
    CFile File;                              //文件对象
    BITMAPFILEHEADER bmfHeader;              //原文件的文件头
    BITMAPINFOHEADER bmiHeader;              //原文件的信息头
    BITMAPINFOHEADER bmiHeaderdis;           //显示图像用的信息头
    CString pathname;                        //存储文件的目录和文件名
    LPSTR poDIB;                             //存储原始的数据
    LPSTR pDIB;                              //图像处理的数据
```

```cpp
    LPSTR pdisDIB;                    //显示中的数据
    int widthstep;                    //每行图像数据的字节数
    long width,height;                //表示图像原始大小
    long i,j;                         //循环变量
    LPSTR lpSrc;                      //原图像的指针
    LPSTR lpDst;                      //目标图像的指针
    BOOL IsFileOpen;                  //表示是否打开图像
    BOOL IsZhiLuan;   //whether zhiluan
    int ZhiluanNum;
    //针对灰度图像处理部分
    int numQuad;                      //存储调色板的数目
    LPSTR QuadDIB;                    //调色板数据
    BOOL  GraytoRGB(LPSTR poDIB,LPSTR pDIB, int width, int height);
    //置乱
    void ZHILUAN(LPSTR pDIB,int width,int height,int ZhiluanNum);
    enum { IDD = IDD_IMGPROCESS_DIALOG };
    protected:
    virtual void DoDataExchange(CDataExchange * pDX);// DDX/DDV 支持
protected:
    HICON m_hIcon;
    //生成的消息映射函数
    virtual BOOL OnInitDialog();
    afx_msg void OnSysCommand(UINT nID, LPARAM lParam);
    afx_msg void OnPaint();
    afx_msg HCURSOR OnQueryDragIcon();
    DECLARE_MESSAGE_MAP()
public:
    afx_msg void OnBnClickedButton1();
    afx_msg void OnBnClickedImgopen();
    afx_msg void OnBnClickedImgprocess();
    afx_msg void OnBnClickedImgsave();
    afx_msg void OnBnClickedImgzhiluan();
    afx_msg void OnBnClickedImgizhiluan();
};
```

(2) CPP 文件 ImgProcessDlg.cpp 中的主要函数

```cpp
//A.构造函数
CImgProcessDlg::CImgProcessDlg(CWnd* pParent /* = NULL */)
    :CDialogEx(CImgProcessDlg::IDD, pParent)
{   m_hIcon = AfxGetApp()->LoadIcon(IDR_MAINFRAME);
    IsFileOpen = 0;
```

```cpp
        ZhiluanNum = 30;
}

//B.绘制图像函数
void CImgProcessDlg::OnPaint()
{   if (IsIconic())
    {   CPaintDC dc(this); // 用于绘制的设备上下文
        SendMessage(WM_ICONERASEBKGND, reinterpret_cast<WPARAM>(dc.GetSafeHdc()), 0);
        // 使图标在工作区矩形中居中
        int cxIcon = GetSystemMetrics(SM_CXICON);
        int cyIcon = GetSystemMetrics(SM_CYICON);
        CRect rect;
        GetClientRect(&rect);
        int x = (rect.Width() - cxIcon + 1) / 2;
        int y = (rect.Height() - cyIcon + 1) / 2;
        // 绘制图标
        dc.DrawIcon(x, y, m_hIcon);
    }
    else
    {   CDC * pDC = GetDC();
        StretchDIBits(pDC->m_hDC,
        0,          //起始点的X坐标,
        0,          //起始点的X坐标,
        width,
        height,
        0,          //原图像中起点的X坐标
        0,          //原图像中起点的Y坐标
        width,      //原图像的宽度
        height,     //原图像的长度
        pdisDIB,        //图像数据的指针
        (BITMAPINFO *)&bmiHeaderdis,//文件头的指针
        DIB_RGB_COLORS,
        SRCCOPY);
        CDialogEx::OnPaint();
    }
}

//C.打开图像消息响应函数
void CImgProcessDlg::OnBnClickedImgopen()
{   // TODO: 在此添加控件通知处理程序代码
    //1.图像文件打开
    CFileDialog dlg(TRUE,0,0, OFN_HIDEREADONLY,0,0);
    if(dlg.DoModal() == IDCANCEL)
    return;
```

```
pathname = dlg.GetPathName();
if(!File.Open(pathname,CFile::modeRead))
{   MessageBox(_T("open file failed"));
    return;
}
//2.文件头和参数读取
if(File.Read((LPSTR)&bmfHeader,sizeof(bmfHeader))!=sizeof(bmfHeader))
{   MessageBox(_T("error"));
    return;
}
if(bmfHeader.bfType!=19778)
{   MessageBox(_T("本程序只支持 BMP 文件,该文件不符合要求!"));
    return;
}
if(File.Read((LPSTR)&bmiHeader,sizeof(bmiHeader))!=sizeof(bmiHeader))
{   MessageBox(_T("读取信息头失败"));
    return;
}
bmiHeaderdis = bmiHeader;
width = bmiHeader.biWidth;
height = bmiHeader.biHeight;
//3.内存分配
widthstep = 3 * width;
if(widthstep % 4)
    widthstep = widthstep + (4-widthstep % 4);
if(poDIB)
    delete []poDIB;
poDIB = new char[widthstep * height];      //存储原始文件的数据
if(pDIB)
    delete []pDIB;
pDIB = new char[widthstep * height];       //存储图像处理的数据
if(pdisDIB)
    delete []pdisDIB;
pdisDIB = new char[widthstep * height];    //存储图像显示的数据
    if((pDIB==NULL)||(poDIB==NULL)||(pdisDIB==NULL))
{   MessageBox(_T("分配内存出错"));
    return;
}
//4.图像数据读取
if(bmiHeader.biBitCount==24)
{   SetWindowText(_T("当前为 24 位彩色图像"));
    if(File.Read(poDIB,3 * width * height)!=3 * width * height)
    {   MessageBox(_T("read data failed"));
        return;
```

```
            File.Close();
        memcpy(pDIB,poDIB,widthstep * height);//复制到图像处理数据 pDIB
        memcpy(pdisDIB,poDIB,widthstep * height);
    }
    else if(bmiHeader.biBitCount = = 8)
    {   SetWindowText(_T("当前为 8 位灰度图像"));
        numQuad = 256;
        if(QuadDIB)
            delete []QuadDIB;
        QuadDIB = new char[4 * numQuad];         //调色板数据
        //读取调色板
        if(File.Read(QuadDIB,4 * numQuad)! = 4 * numQuad)
        {   MessageBox(_T("read 调色板 failed"));
            return;
        }
        if(File.Read(poDIB,width * height)! = width * height)
        {   MessageBox(_T("read data failed"));
            return;
        }
        File.Close();
        memcpy(pDIB,poDIB,width * height);//复制到图像处理数据 pDIB
        GraytoRGB(pDIB,pdisDIB,width,height);    //8bit 转为 24bit
        bmiHeaderdis.biBitCount = 24;
    }
    //5.图像显示
    OnPaint();                                   //图像显示函数
    IsFileOpen = 1;
}

//D.8 位转 24 位
BOOL CImgProcessDlg::GraytoRGB(LPSTR poDIB,LPSTR pDIB, int width, int height)
//poDIB:表示灰度图像数据,pDIB:表示 24 位图像的数据
{   int widthstep = width;
    if(widthstep % 4)
        widthstep = widthstep + (4-widthstep % 4);
    int widthstep2 = 3 * width;
    if(widthstep2 % 4)
        widthstep2 = widthstep2 + (4-widthstep2 % 4);
    for(i = 0;i < height;i + +)
    {   for(j = 0;j < width;j + +)
        {   lpSrc = poDIB + widthstep * (height-1-i) + j;
            lpDst = pDIB + widthstep2 * (height-1-i) + 3 * j;
            * lpDst = * lpSrc;
```

```c
            *(lpDst + 1) = *lpSrc;
            *(lpDst + 2) = *lpSrc;
        }
    }
    return 1;
}


//E.图像处理按钮消息响应函数
void CImgProcessDlg::OnBnClickedImgprocess()
{   // TODO:在此添加控件通知处理程序代码
    if(IsFileOpen == 0)
    {   MessageBox(_T("没有打开图像,请先通过"打开图像"按钮选择图像!"));
        return;
    }
    if(bmiHeader.biBitCount == 24)          //针对24位图像进行处理
    {   int widthstep2 = 3 * width;
        if(widthstep2 % 4)
            widthstep2 = widthstep2 + (4-widthstep2 % 4);
        for(i = (height * 3/4);i < height;i++)  //针对下方1/4行进行图像处理
        {   for(j = 0;j < width;j++)
            {   lpSrc = pDIB + widthstep2 * (height-1-i) + 3 * j;
                if(j < width/2)             //每行前半部分赋黑
                {   *lpSrc = 0;
                    *(lpSrc + 1) = 0;
                    *(lpSrc + 2) = 0;
                }
                else                        //每行后半部分赋白
                {   *lpSrc = 255;
                    *(lpSrc + 1) = 255;
                    *(lpSrc + 2) = 255;
                }
            }
        }
        memcpy(pdisDIB,pDIB,widthstep2 * height);
    }
    else if(bmiHeader.biBitCount == 8)      //针对8位图像进行处理
    {   int widthstep = width;
        if(widthstep % 4)
            widthstep = widthstep + (4-widthstep % 4);
        for(i = (height * 3/4);i < height;i++)  //针对下方1/4行进行图像处理
        {   for(j = 0;j < width;j++)
            {   lpSrc = pDIB + widthstep * (height-1-i) + j;
                if(j < width/2)             //每行前半部分赋黑
```

```
                    * lpSrc = 0;
                else                                    //每行后半部分赋白
                    * lpSrc = 255;
                }
            }
            GraytoRGB(pDIB,pdisDIB,width,height);
        }
    OnPaint();
}

//F.保存图像消息响应函数
void CImgProcessDlg::OnBnClickedImgsave()
{
    // TODO: 在此添加控件通知处理程序代码
    if(! IsFileOpen)                                    //判断是否打开图像
    {    MessageBox(_T("还没有打开文件"));
        return;
    }
    //1.输入图像文件名
    CFileDialog dlg(FALSE,0,0,OFN_HIDEREADONLY,_T("BMP file( * .bmp)| * .bmp||"),0);
    if(dlg.DoModal() == IDCANCEL)
    {    MessageBox(_T("没有存储文件"));
        return;
    }
    //2.打开图像文件
    pathname = dlg.GetPathName();
    pathname + = ".bmp";
    SetWindowText(pathname);                            //显示文件路径
    if(!File.Open(pathname,CFile::modeCreate|CFile::modeNoTruncate|CFile::modeWrite))
    {    MessageBox(_T("open file failed"));
        return;
    }
    //3.保存文件头和信息头
    File.Write(&bmfHeader,14);
    File.Write(&bmiHeader,40);
    //4.保存图像数据
    if(bmiHeader.biBitCount == 24)                      //24位图像仅保存图像数据
        File.Write(pDIB,3 * width * height);
    else if(bmiHeader.biBitCount == 8)                  //8位图像保存调色板和图像数据
    {    File.Write(QuadDIB,4 * numQuad);
        File.Write(pDIB,width * height);
    }
    File.Close();
}
```

```c
//G. 图像置乱库函数
void CImgProcessDlg::ZHILUAN(LPSTR pDIB,int width,int height,int ZhiluanNum)
{
    int round;            //进行置乱的轮数
    int x,y;              //表示进行置乱中的位置
    LPSTR ptempDIB;       //置乱用的暂存图像控件
    if(bmiHeader.biBitCount == 8)
    {
        widthstep = width;
        if(widthstep % 4)
            widthstep = widthstep + (4-widthstep % 4);
    }
    else if(bmiHeader.biBitCount == 24)
    {
        widthstep = 3 * width;
        if(widthstep % 4)
            widthstep = widthstep + (4-widthstep % 4);
    }
    ptempDIB = new char[widthstep * height];
    memcpy(ptempDIB,pDIB,widthstep * height);
    if(bmiHeader.biBitCount == 8)
    {
        for (round = 0;round < ZhiluanNum;round ++)
        {
            for(i = 0;i < height;i ++)
            {
                for(j = 0;j < width;j ++)
                {
                    x = (i+1) + (j+1);
                    y = (j+1) + 2 * (i+1);
                    x = x - 1;
                    y = y - 1;
                    if(y >= height)
                        y = y % height;
                    if(x >= width)
                        x = x % width;
                    lpSrc = (char *)(ptempDIB + (height-1-i) * widthstep + j);
                    lpDst = (char *)(pDIB + (height-1-y) * widthstep + x);
                    * lpDst = * lpSrc;
                }
            }
            memcpy(ptempDIB,pDIB,widthstep * height);
        }
    }
```

```
        else if(bmiHeader.biBitCount = = 24)
        {
            for (round = 0;round < ZhiluanNum;round + + )
            {
                for(i = 0;i < height;i + + )
                {
                    for(j = 0;j < width;j + + )
                    {
                        x = (i + 1) + (j + 1);
                        y = (j + 1) + 2 * (i + 1) ;
                        x = x - 1;
                        y = y - 1;
                        if(y > = height)
                            y = y % height ;
                        if(x > = width)
                            x = x % width ;
                        lpSrc = (char * )(ptempDIB + (height-1-i) * widthstep + j * 3);
                        lpDst = (char * )(pDIB + (height-1-y) * widthstep + x * 3);
                        * lpDst = * lpSrc;
                        * (lpDst + 1) = * (lpSrc + 1);
                        * (lpDst + 2) = * (lpSrc + 2);
                    }
                }
                memcpy(ptempDIB,pDIB,widthstep * height);
            }
        }
        delete []ptempDIB;
}

//H.图像置乱按钮消息响应函数
void CImgProcessDlg::OnBnClickedImgzhiluan()
{
    // TODO:在此添加控件通知处理程序代码
    if(!IsFileOpen)
    {   MessageBox(_T("还没有打开文件"));
        return;
    }
    ZHILUAN(pDIB,width,height,ZhiluanNum);
    if(bmiHeader.biBitCount = = 8)
    {
        GraytoRGB(pDIB,pdisDIB,width,height);
        bmiHeaderdis.biBitCount = 24;
    }
    else if(bmiHeader.biBitCount = = 24)
    {
```

```
        memcpy(pdisDIB,pDIB,3 * width * height);
    }
    OnPaint();
}


//I.图像解置乱按钮消息响应函数
void CImgProcessDlg::OnBnClickedImgizhiluan()
{   // TODO：在此添加控件通知处理程序代码
    if(!IsFileOpen)
    {
        MessageBox(_T("还没有打开文件"));
        return;
    }
    int zhouqi;
    if(width == 256)
        zhouqi = 192;
    else if(width == 512)
        zhouqi = 384;
    else
    {
        MessageBox(_T("不符合置乱要求"));
        return;
    }
    ZHILUAN(pDIB,width,height,zhouqi-ZhiluanNum);
    if(bmiHeader.biBitCount == 8)
    {
        GraytoRGB(pDIB,pdisDIB,width,height);
        bmiHeaderdis.biBitCount = 24;
    }
    else if(bmiHeader.biBitCount == 24)
    {
        memcpy(pdisDIB,pDIB,3 * width * height);
    }
    OnPaint();
}
```

第 4 章
基于Android-JNI技术的移动平台数字图像处理

在 PC 平台上，多采用 C/C++程序完成数字图像处理开发，在 Android 移动平台上，需要使用 Java 语言编程。虽然 Java 语言也可进行图像处理开发（文献[2]对此进行了很多相关描述），但由于前期积累的图像处理程序大多是用 C/C++程序编写的，所以为有效利用已有的图像处理程序，需要在 Android 系统中调用 C/C++编写的函数，则需要采用 Android-JNI 技术，将已有的 C/C++函数封装在 C/CPP 文件中，通过 NDK 编译，生成在 Android 系统中可调用的库文件。

本章将讲述基于 Android-JNI 技术的移动平台数字图像处理。本书使用的移动平台开发环境为 Android Studio。本章首先介绍 Android Studio 的安装过程及其基本使用方法，包括新建工程、运行工程等；其次讲解 Android-JNI 的配置；再次讲解在 Android 移动平台中，如何使用 Android-JNI 技术，调用 C 语言程序实现移动平台上的基本数字图像处理；最后讲解如何使用 Android-JNI 技术移植 C 语言编写的置乱函数，实现 Android 移动平台中 C 语言版的置乱函数。

本章安排如下：
- Android Studio 的安装与使用；
- Android-JNI 的配置；
- 使用 Android-JNI 技术实现基本图像处理；
- 使用 Android-JNI 技术实现图像置乱。

4.1 Android Studio 的安装与使用

本节首先介绍 Android Studio 的安装过程，然后介绍其基本使用方法，包括新建工程、运行工程等。

4.1.1　Android Studio 的安装与配置

登录网址 https://developer.android.google.cn/studio 下载 Android Studio 开发文件,选择适合 Windows 平台的 64 位版本。

安装开发环境,点击下载的安装文件,开始安装程序,进入 Welcome to Android Studio Setup 界面,如图 4-1 所示。

图 4-1　Welcome to Android Studio Setup 界面

单击"Next"按钮进入 Choose Components 界面,如图 4-2 所示。

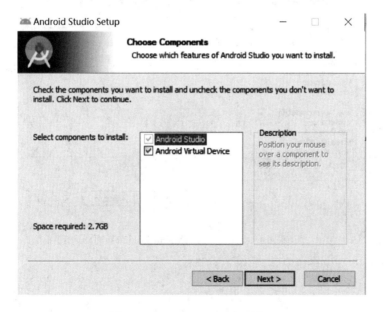

图 4-2　Choose Components 界面

单击"Next"按钮进入 Configuration Settings 界面,可自定义程序安装位置,如图 4-3 所示。

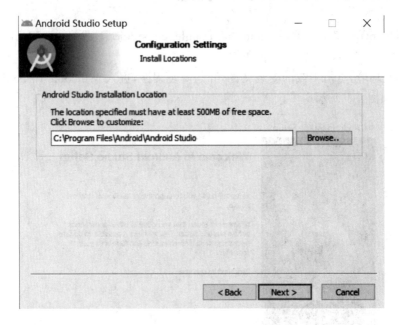

图 4-3　Configuration Settings 界面

单击"Next"按钮进入 Choose Start Menu Folder 界面,如图 4-4 所示。

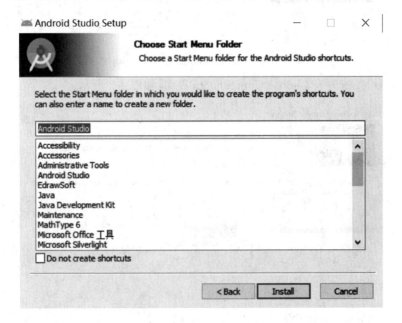

图 4-4　Choose Start Menu Folder 界面

单击"Install"按钮开始安装,如图 4-5 所示。

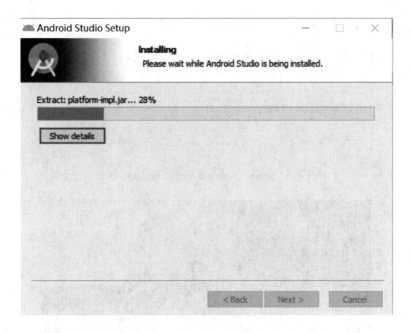

图 4-5 Android Studio 安装界面

安装完成,单击"Next"按钮进入 Completing Android Studio Setup 界面,如图 4-6 所示。

图 4-6 安装完成界面

勾选"Start Android Studio",单击"Finish"按钮,进入 Import Android Studio Settings 界面,选择"Do not import settings",单击"OK"按钮,如图 4-7 所示。

进入 Android Studio 启动界面,如图 4-8 所示。

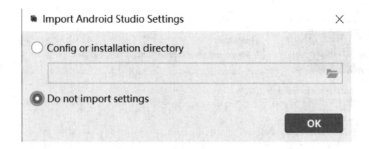

图 4-7　Import Android Studio Settings 界面

图 4-8　启动界面

第一次安装没有 SDK（Software Development Kit），因此需要安装 SDK。这里在 Android Studio Setup Wizard 界面中，内嵌了一个 Help improve Android Studio 界面，如图 4-9 所示。

图 4-9　Help improve Android Studio 界面

单击"Don't send"按钮,将出现 Android Studio First Run 弹窗,再单击"Cancel"按钮,关闭该弹窗,进入 Android Studio Setup Wizard 界面,如图 4-10 所示。

图 4-10 Android Studio Setup Wizard 界面

单击"Next"按钮,进入 Install Type 界面,如图 4-11 所示。

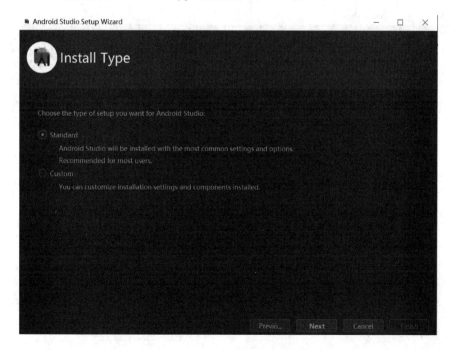

图 4-11 Install Type 界面

选择"Standard",进入 Select UI Theme 界面,如图 4-12 所示。

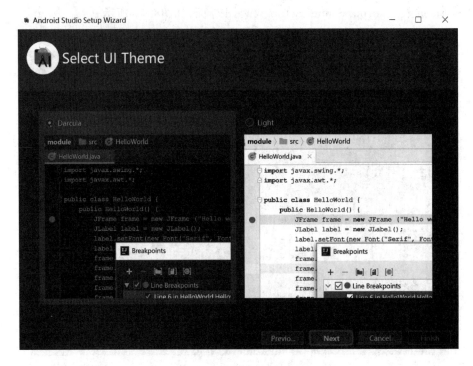

图 4-12　Select UI Theme 界面(一)

如果选择"Light",则界面会发生变化,如图 4-13 所示。

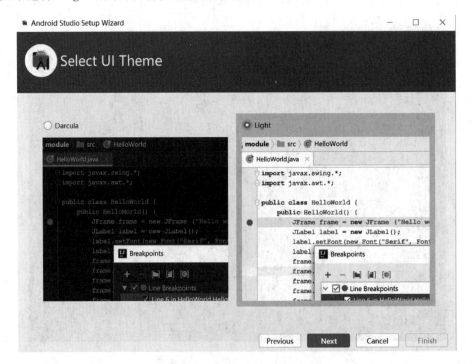

图 4-13　Select UI Theme 界面(二)

单击"Next"按钮，进入 Verify Settings 界面，如图 4-14 所示。

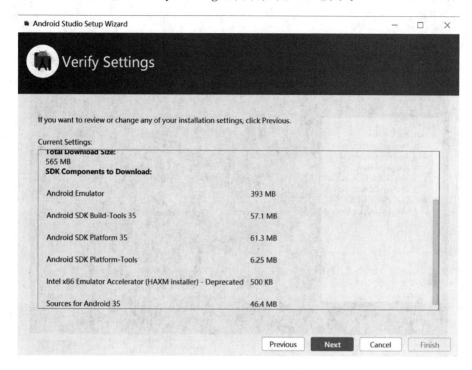

图 4-14　Verify Settings 界面

单击"Next"按钮，进入 License Agreement 界面，如图 4-15 所示。

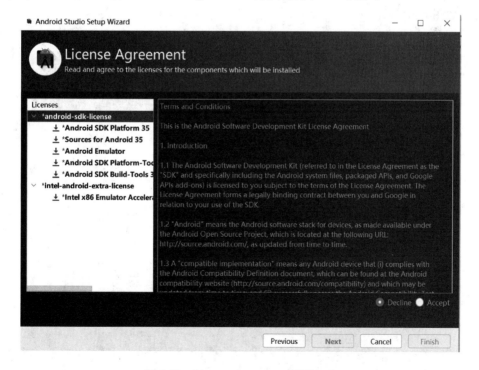

图 4-15　License Agreement 界面（一）

分别选择"android-sdk-license"和"intel-android-extra-license",并且均选中"Accept",如图 4-16 所示。

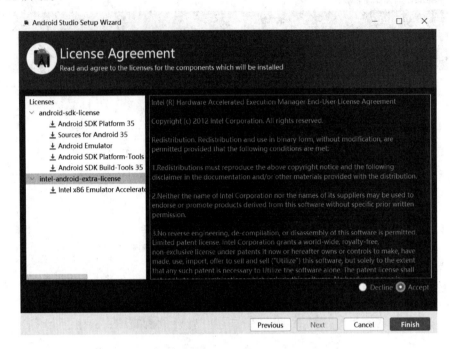

图 4-16　License Agreement 界面(二)

单击"Finish"按钮,进入 Downloading Components 界面,如图 4-17 所示。等待组件下载完成,如图 4-18 所示。

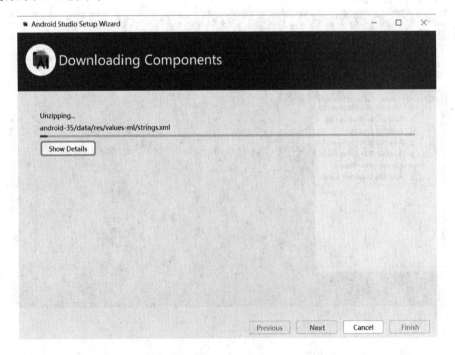

图 4-17　Downloading Components 界面

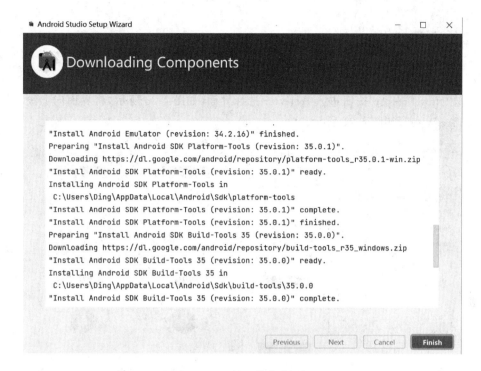

图 4-18　组件下载完成界面

单击"Finish"按钮,进入 Welcome to Android Studio 界面,如图 4-19 所示。

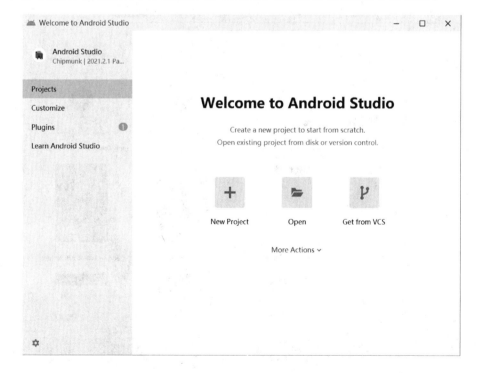

图 4-19　Welcome to Android Studio 界面

4.1.2 新建工程

本节讲解新建工程的方法。

单击"New Project"按钮进入 Activity 选择界面,如图 4-20 所示,将界面向上滚动,选中"Empty Activity",如图 4-21 所示。

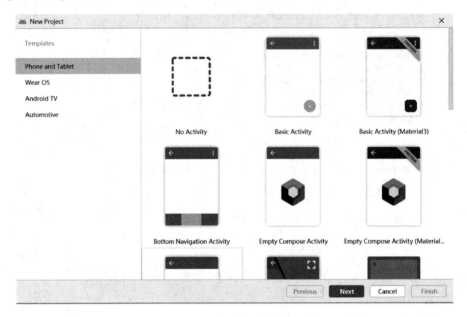

图 4-20　新建工程 Activity 选择界面(一)

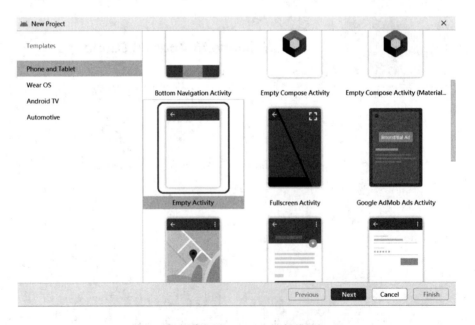

图 4-21　新建工程 Activity 选择界面(二)

单击"Next"按钮进入项目配置界面,如图 4-22 所示。可以自定义项目的名称、包名、存储位置、开发语言和最小 SDK 的版本,这里使用默认的配置,也就是说,工程的名字为"My Application",包的名字为"com. example. myapplication",存储位置为"当前用户目录下\AndroidStudioProjects\MyApplication",语言为"Kotlin",最小 SDK 版本为"API 21"。

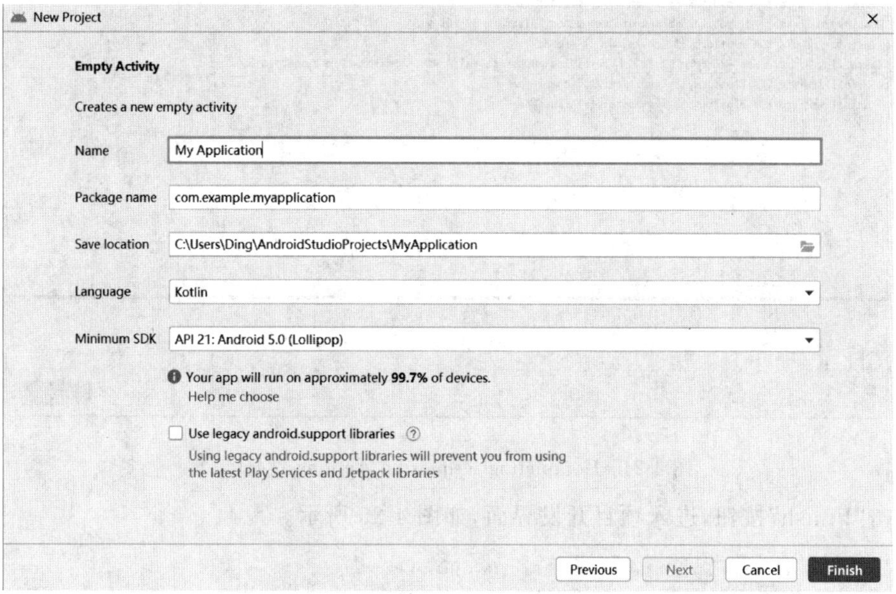

图 4-22　项目配置界面

单击"Finish"按钮,进入 Completing Requested Actions 界面,如图 4-23 所示。在 Completing Requested Actions 界面中,内容下载完成后的界面如图 4-24 所示。

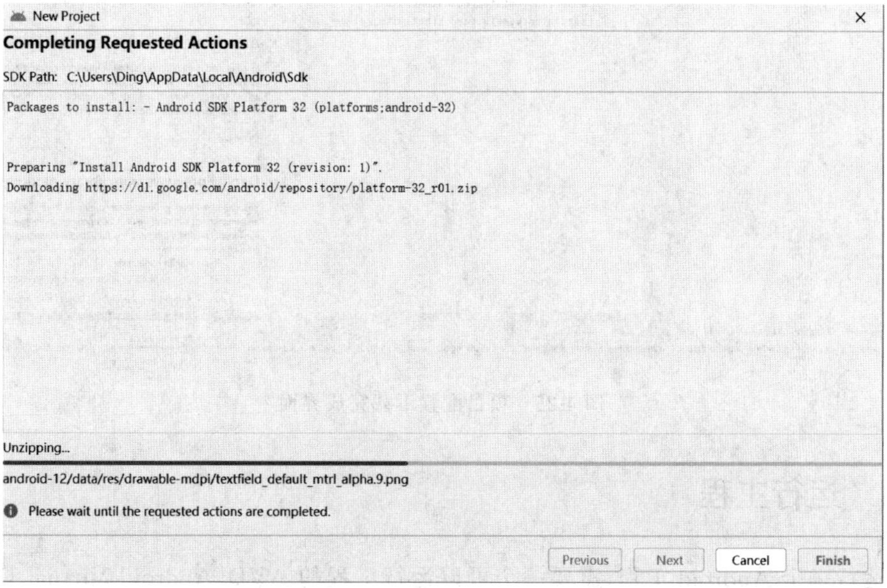

图 4-23　Completing Requested Actions 界面(一)

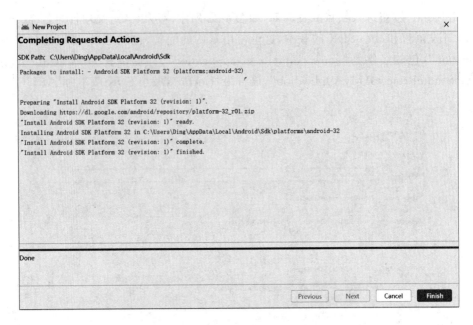

图 4-24　Completing Requested Actions 界面(二)

单击"Finish"按钮,进入项目开发界面,如图 4-25 所示。

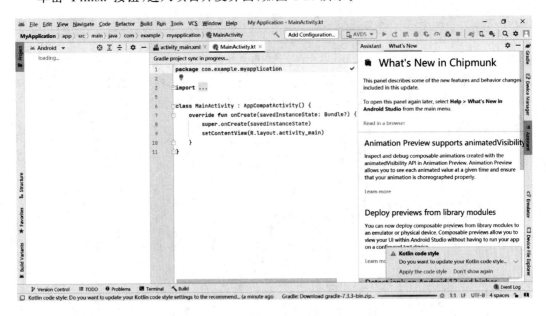

图 4-25　项目配置下载完成界面

4.1.3　运行工程

要运行一个 Android 工程,需要一个可以运行工程的 AVD(Android Virtual Device),即 Android 虚拟设备,第一次运行工程时,需要创建 AVD。

在项目中找到 No Devices,如图 4-26 所示。

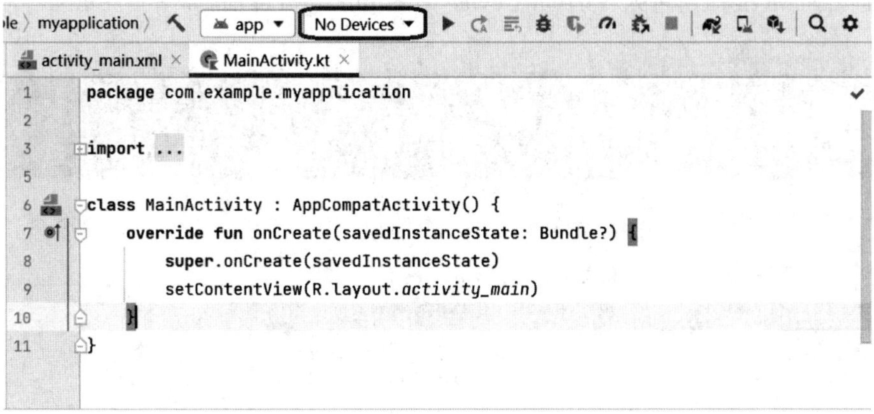

图 4-26　创建 AVD 界面(一)

单击"No Devices"会出现一个下拉框,如图 4-27 所示。

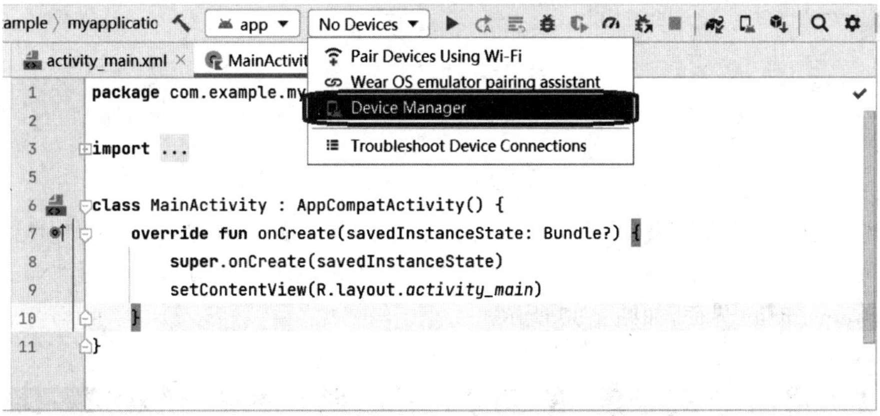

图 4-27　创建 AVD 界面(二)

单击"Device Manager",打开 Device Manager 界面,如图 4-28 所示。

图 4-28　Device Manager 界面(一)

单击"Create device"进入 Virtual Device Configuration 界面，如图 4-29 所示。

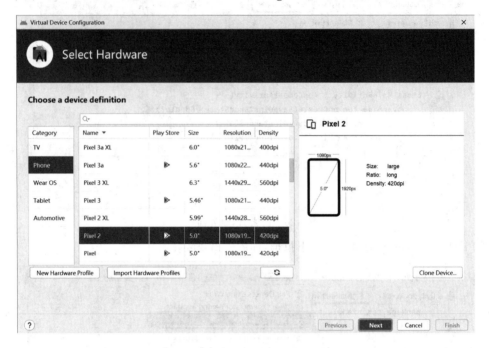

图 4-29　Virtual Device Configuration 界面

首先显示的是默认配置，用户可以根据自己需要进行选择，本节先采用默认配置，即选择"Phone"下的"Pixel 2"（屏幕尺寸为 5 寸、屏幕分辨率为 1080×1920）。单击"Next"按钮，进入 System Image 界面，如图 4-30 所示。

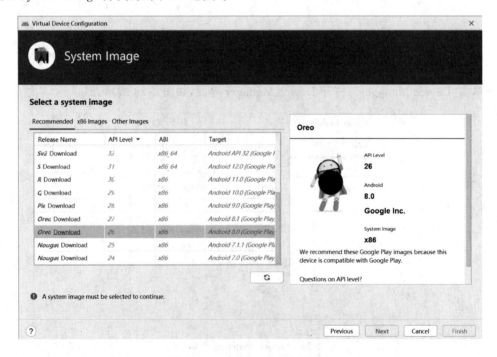

图 4-30　System Image 界面（一）

选择的系统镜像应不低于项目最开始 Minimum SDK 对应的版本，在图 4-22 中，Minimum SDK 中的最低 API 版本为 21，这里选择的是 Oreo 系统镜像，API 版本为 26，满足最低 API 版本为 21 的要求。

单击"Oreo"旁边的"Download"进入 SDK Quickfix Installation 的 License Agreement 界面，如图 4-31 所示。

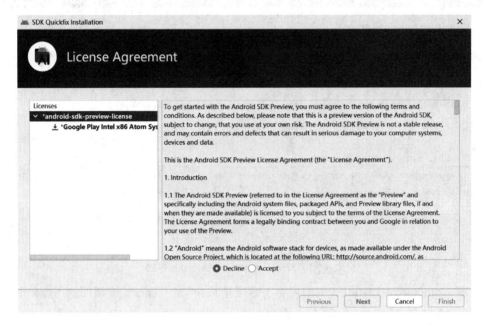

图 4-31　License Agreement 界面（一）

选中"Accept"，如图 4-32 所示。

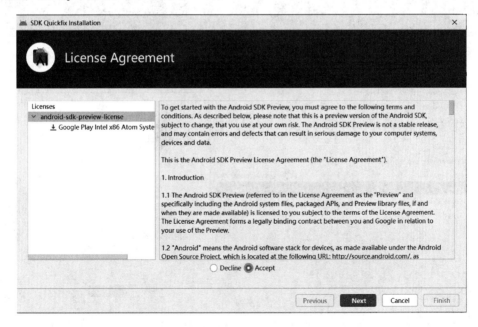

图 4-32　License Agreement 界面（二）

单击"Next"按钮进入 SDK Component Installer 界面,如图 4-33 所示。

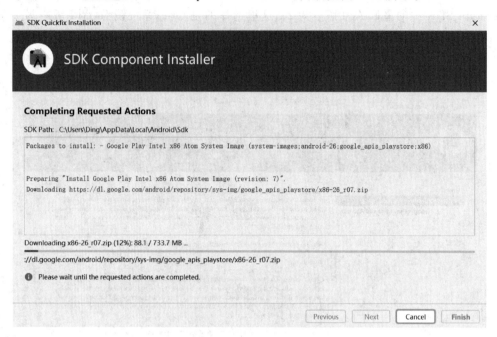

图 4-33　SDK Component Installer 界面

SDK Component Installer 中的内容下载完毕后,单击"Finish"按钮回到 System Image 界面,如图 4-34 所示。

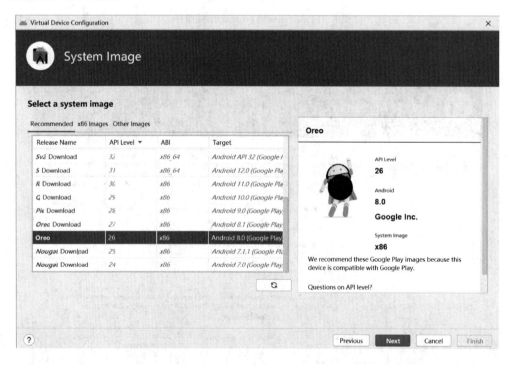

图 4-34　System Image 界面(二)

可以看到 API Level 为 26 的 Oreo 的系统镜像下载完成后没有出现 Download 字样。单击"Next"按钮进入 Android Virtual Device(AVD)界面,如图 4-35 所示。

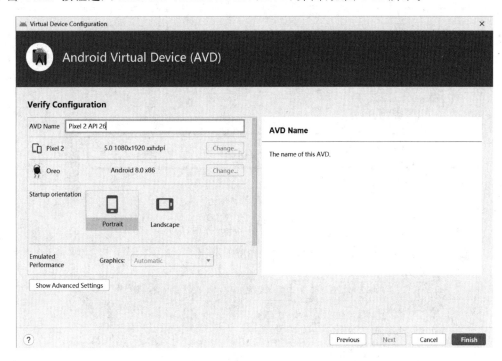

图 4-35　Android Virtual Device（AVD）界面

单击"Finish"按钮创建 AVD,创建 AVD 的过程如图 4-36 所示。

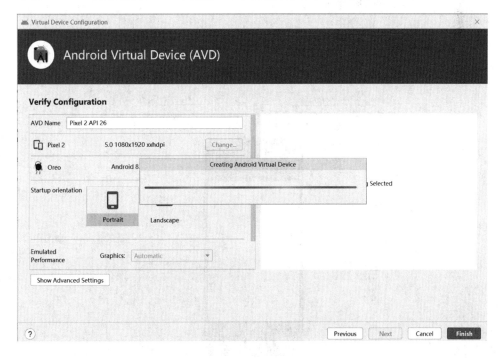

图 4-36　创建 AVD 界面(三)

创建完成后可以在 Device Manager 中看到刚才创建的 AVD，上面的 No Devices 也已经变成了"Pixel 2 API 26"，如图 4-37 所示。

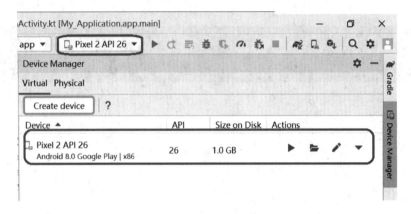

图 4-37　Device Manager 界面（二）

AVD 创建完成后，单击启动按钮，如图 4-38 所示。

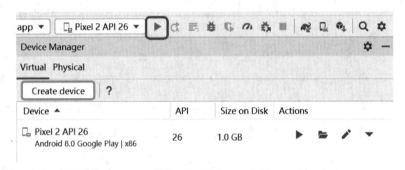

图 4-38　程序运行界面（一）

在电脑端运行 Emulator 的效果如图 4-39 所示。

图 4-39　程序运行界面（二）

从图 4-39 中可以看到，在屏幕中央有一个字符串"Hello World!"，这是源文件 MainActivity.kt 调用布局文件 activity_main.xml 的效果，如图 4-40 所示。当前由于字号太小，所以看着不清晰，可以通过下面的操作修改显示文字的内容和显示文字的字号。

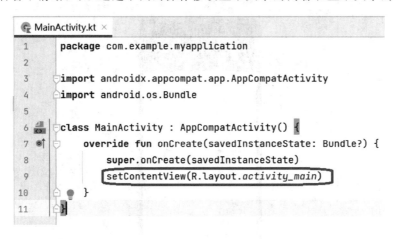

图 4-40　源文件 MainActivity.kt 调用布局文件 activity_main.xml

在 res/layout 目录下找到布局文件 activity_main.xml，双击打开布局文件，单击屏幕中央的 TextView，界面右侧会出现属性 Attributes 窗口，找到下方的 All Attributes 栏，滑动到下方 text 开头的属性，可以设置文本内容和文本字号大小，如图 4-41 所示，设置文本内容为"This is my test app!"，设置文本字号大小为 34。

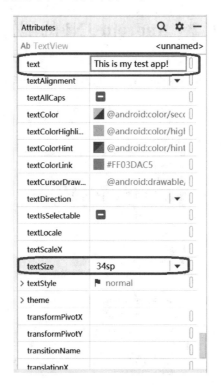

图 4-41　设置文本内容和文本字号大小

运行程序,运行效果如图 4-42 所示,可以看到界面中的文本发生了变化,字号明显变大。

图 4-42　修改文本内容和字号后的程序运行界面

4.2　Android-JNI 的配置

选择 Android Studio 的"File→Settings",进入 Settings 界面,如图 4-43 所示。

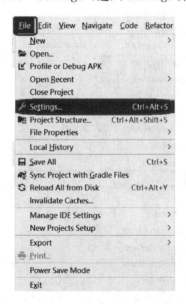

图 4-43　进入 Settings 的操作界面

在 Settings 界面，依次单击"Appearance & Behavior→System Settings→Android SDK"，选择"SDK Tools"，选中"NDK（Side by side）"和"CMake"，选中前如图 4-44 所示，选中后如图 4-45 所示，可以看到这两项当前的 Status 为 Not Installed。

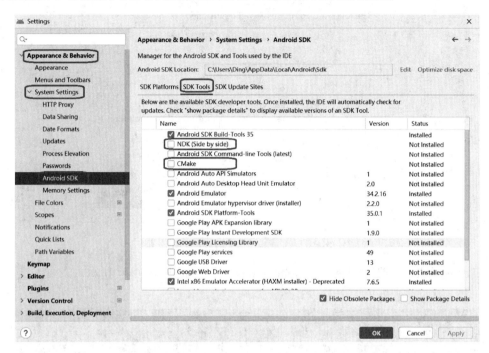

图 4-44　Settings 界面（一）

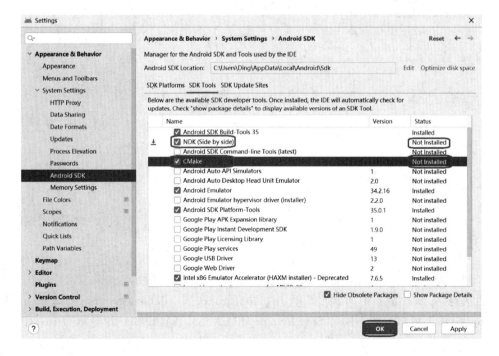

图 4-45　选中 NDK（Side by side）和 CMake 的界面

选择完成后单击"OK"按钮,进入 Confirm Change 界面,如图 4-46 所示。

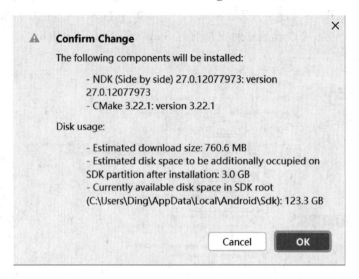

图 4-46　Confirm Change 界面

单击"OK"按钮,进入 SDK Component Installer 界面,如图 4-47 所示。

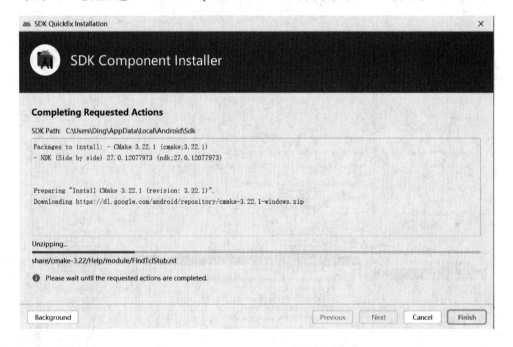

图 4-47　SDK Component Installer 界面

NDK 和 CMake 安装完成后单击"Finish"按钮,如图 4-48 所示。

再次进入 Settings 界面,依次单击"Appearance & Behavior→System Settings→Android SDK",可以看到 NDK(Side by side)和 CMake 当前的 Status 显示为 Installed,如图 4-49 所示。

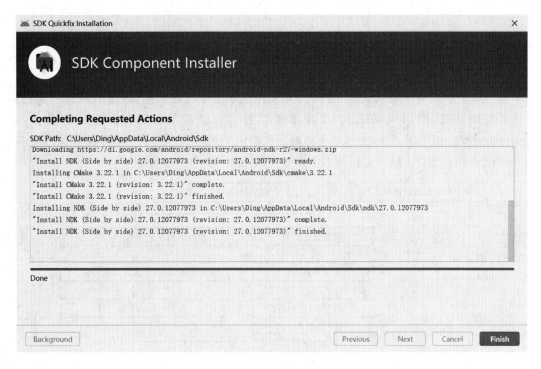

图 4-48　NDK 和 CMake 安装完成的界面

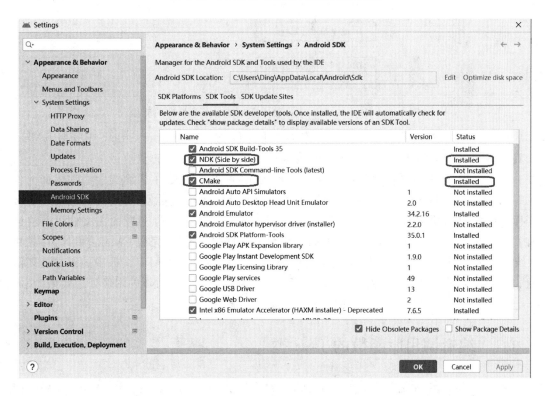

图 4-49　Settings 界面(二)

4.3 使用 Android-JNI 技术实现基本图像处理

本节将讲解如何使用 Android-JNI 技术实现基本图像处理功能，即使用 C 语言实现基本图像处理功能，使用 Android-JNI 技术将其封装为移动平台可以调用的库文件，在 Android 工程中调用库文件，实现基于移动平台使用 C 语言编程实现的基本图像处理功能。

使用 Android-JNI 技术实现基本图像处理的流程如图 4-50 所示。

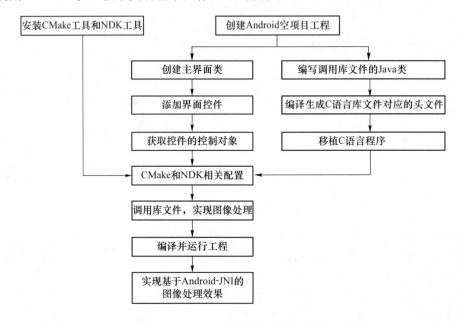

图 4-50 使用 Android-JNI 技术实现基本图像处理的流程

Android-JNI 技术实现图像处理的流程如下。首先，在 Android Studio 中安装 CMake 工具和 NDK 工具，使用 Android Studio 创建 Android 应用程序的空项目工程。其次分为左右两个流程，其中：左侧流程包括在该项目中创建主界面类、在主界面类中添加界面控件（如 TextView、ImageView 等）以及获取主界面中各控件的控制对象；右侧流程包括编写调用库文件的 Java 类、使用编写好的 Java 类编译生成 C 语言库文件对应的头文件以及将已有 C 语言的图像处理函数移植到当前的 C 语言源文件中。最后，完成 CMake 和 NDK 的相关配置，并进行同步；在主界面类中，通过调用库文件的 Java 类调用库文件中的图像处理函数，实现基本图像处理功能；编译并运行工程；实现基于 Android-JNI 的图像处理效果。

本节在第 4.1 节创建的工程 MyApplication 下继续开发。

4.3.1 编辑调用库函数的 Java 类

在 Myapplication 工程下，初始项目结构方式为 Android，单击左上方 Android 后面的向下箭头，选择"Project"，切换项目结构到 Project，如图 4-51 所示。

切换 Project 项目结构后的项目列表如图 4-52 所示。

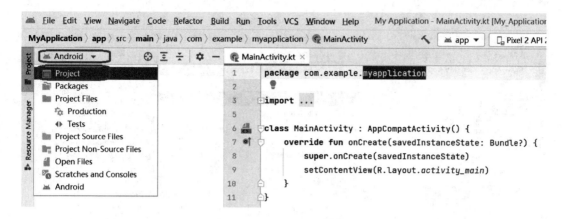

图 4-51 切换项目结构图

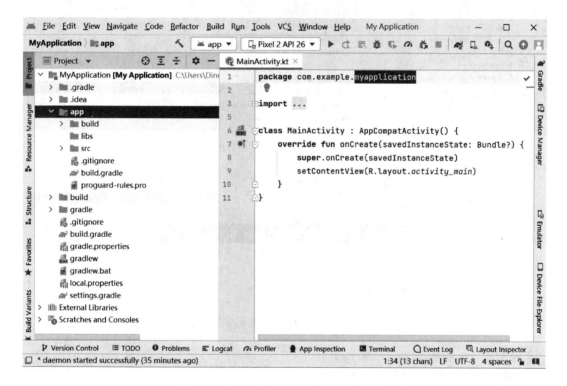

图 4-52 以 Project 形式展开的项目结构图

依次选择工程中的"app→src→main→java",找到 com.example.myapplication 包,右击选择"New→Java Class",如图 4-53 所示,进入 New Java Class 界面,填写 Java 类的名称为"Imgprocess",完成后按下 ENTER 键,如图 4-54 所示,这里的 Imgprocess 类用于在 Java 中调用 Android-jni 封装的库文件。

初始状态下 Imgprocess 类的内容是空的,填写对应语句完成 Android-jni 库文件的调用,完成后 Imgprocess 类的内容如下:

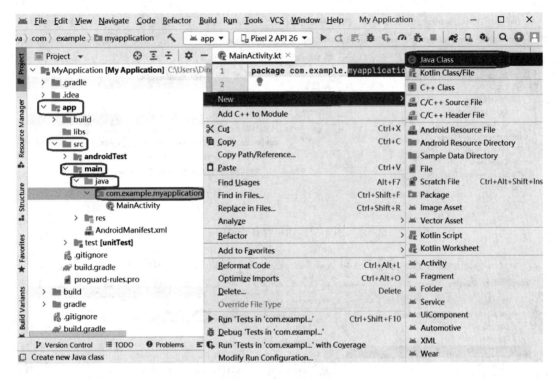

图 4-53 创建 Java 类的界面

图 4-54 填写新建 Java 类名称的弹窗

```
package com.example.myapplication;
public class Imgprocess {
    static {
        System.loadLibrary("Imgprocess-lib");
    }
    public native void setData(int iw, int ih, int[] pixel);
}
```

其中,有下面两条核心语句:

```
System.loadLibrary("Imgprocess-lib");
```

该语句表示调用 Imgprocess-lib 库文件;

```
public native void setData(int iw, int ih, int[] pixel);
```

该语句表示声明库文件中的库函数 setData。

4.3.2 实现基于 C 语言的图像处理

在 app/src/main 目录下面新建目录，目录名称为"cpp"，用于存放 C/C++ 的源代码，cpp 目录所在位置如图 4-55 所示。

图 4-55　cpp 目录所在位置

单击 java 目录后，右击选择"Open In→Terminal"，如图 4-56 所示。

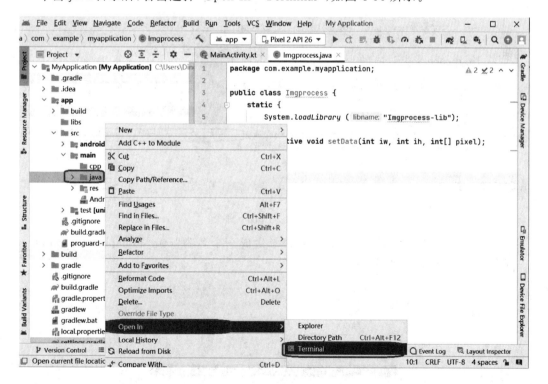

图 4-56　打开 Terminal 的操作

单击后会在 Android Studio 窗口下方出现 Terminal 窗口，如图 4-57 所示。

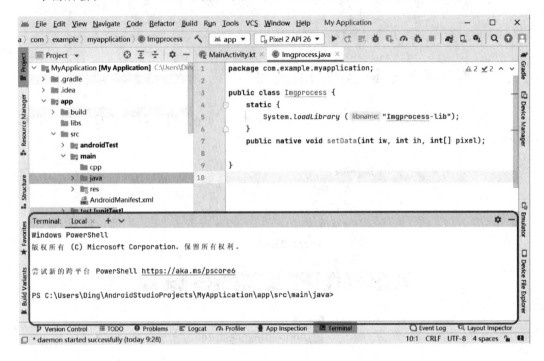

图 4-57　Terminal 窗口

在 Terminal 窗口中，输入 javah 命令：

```
javah -d ../cpp com.example.myapplication.Imgprocess
```

创建 Imgprocess 类对应的头文件，如图 4-58 所示。

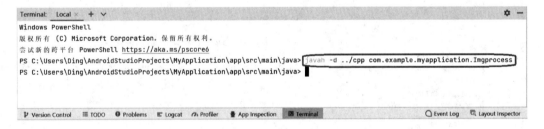

图 4-58　执行 javah 命令

执行完命令后会在 app/src/main/cpp 目录生成一个名为 "com_example_myapplication_Imgprocess.h" 的头文件，如图 4-59 所示。

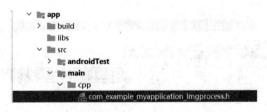

图 4-59　javah 命令生成的头文件

头文件内容是根据 Java 目录下的 Imgprocess 类自动生成的，具体如下：

```
/* DO NOT EDIT THIS FILE - it is machine generated */
#include <jni.h>
/* Header for class com_example_myapplication_Imgprocess */

#ifndef _Included_com_example_myapplication_Imgprocess
#define _Included_com_example_myapplication_Imgprocess
#ifdef __cplusplus
extern "C" {
#endif
/*
 * Class:com_example_myapplication_Imgprocess
 * Method:setData
 * Signature：(II[I)V
 */
JNIEXPORT void JNICALL Java_com_example_myapplication_Imgprocess_setData
    (JNIEnv *, jobject, jint, jint, jintArray);
#ifdef __cplusplus
}
#endif
#endif
```

在头文件中主要对库函数 setData 的函数形式进行声明，这个函数名要求以 Java 开头，并且包含包名的每个字段，所以生成的函数名为"Java_com_example_myapplication_Imgprocess_setData"。

头文件只负责函数声明，函数的具体实现需要在对应的 cpp 文件中实现。

在 cpp 目录中新建 cpp 文件，单击 cpp 目录，右击选择"new→C/C++ Source file"，在新建窗口中输入 cpp 文件名"com_example_myapplication_Imgprocess"，如图 4-60 所示。

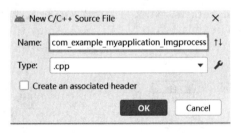

图 4-60 新建 cpp 文件

创建 com_example_myapplication_Imgprocess.cpp 文件后，将之前已经完成的 C 语言代码移植到当前的 cpp 中，移植后的内容包括：

```
#include "com_example_myapplication_Imgprocess.h"
    JNIEXPORT void JNICALL Java_com_example_myapplication_Imgprocess_setData(JNIEnv * env,
jobject, jint iw, jint ih, jintArray pixels)
    {
```

```
    int i,j,r;
    jint * pDIB = env->GetIntArrayElements( pixels, 0);
    for(i = ih * 3/4;i < ih;i ++ )
    {
        for(j = 0;j < iw/2;j ++ )
        {
            r = 0;
            *(pDIB + i * iw + j) = 255 << 24|r << 16|r << 8|r;
        }
        for(j = iw/2;j < iw;j ++ )
        {
            r = 255;
            *(pDIB + i * iw + j) = 255 << 24|r << 16|r << 8|r;
        }
    }
    env-> ReleaseIntArrayElements( pixels, pDIB, 0);
}
```

这里注意以下 3 点。

① 在 cpp 文件中,要包含对应的头文件 com_example_myapplication_Imgprocess.h。

② 针对 jni 中的处理数据,需要使用 env 对其进行获取和释放。

③ 在 C 语言中,对于一幅 24 位图像,一般每个像素数据用 3 个无符号 8 位整型数据存储;而在 Java 中,一个整型数据 jint 是 32 位,所以每个像素的数据可以存储在一个整型数据(jint)中。

4.3.3 CMake 和 NDK 相关配置

在 app 目录下创建 CMakeLists.txt 文件,用该文件配置 CMake,文件位置如图 4-61 所示。

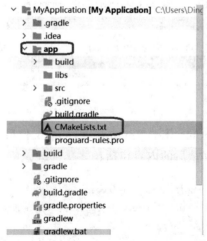

图 4-61 CMakeLists.txt 所在位置

CMakeLists.txt 文件内容如下：

```
cmake_minimum_required(VERSION 3.4.1)
add_library(Imgprocess-lib SHARED src/main/cpp/com_example_myapplication_Imgprocess.cpp)
find_library(log-lib log)
target_link_libraries(Imgprocess-lib ${log-lib})
```

上述文件的功能是将 com_example_myapplication_Imgprocess.cpp 文件编译为库文件 Imgprocess-lib。

配置完 CMake 后，找到 app 目录下的 build.gradle，其位置如图 4-62 所示。

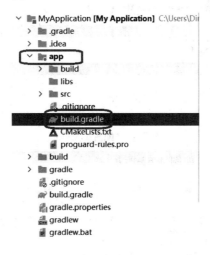

图 4-62　app 目录下 build.gradle 的位置

双击 build.gradle 文件，编辑该文件的内容，配置 CMakeLists.txt 的路径和 CMake 编译时的参数，在 android 中 defaultConfig 部分的末尾增加一段 externalNativeBuild 配置语句，如图 4-63 所示。

图 4-63　配置 CMakel

在 android 部分末尾增加一段 externalNativeBuild 配置语句，如图 4-64 所示。

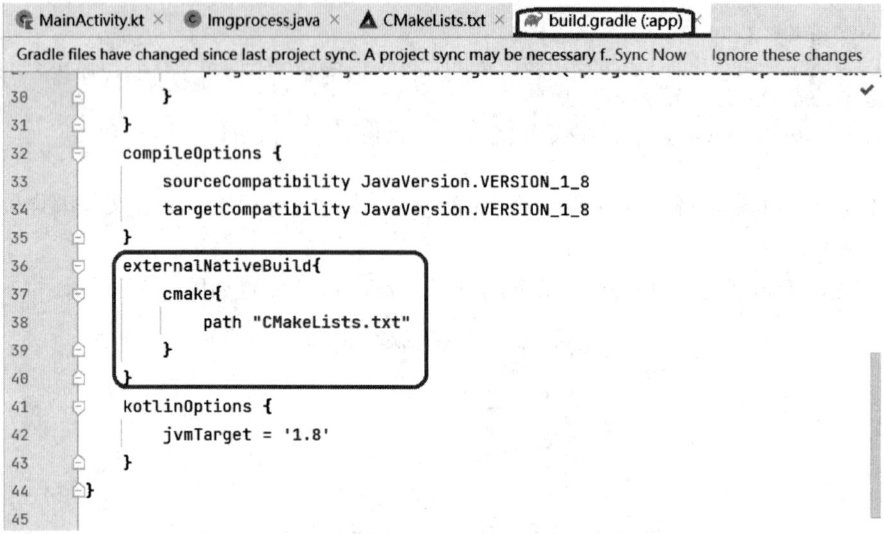

图 4-64　配置 CMake2

完成后单击"Sync Now"，如图 4-65 所示。

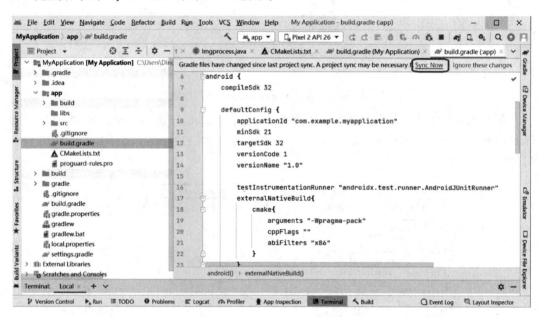

图 4-65　进行同步操作的界面

同步过程中，界面显示"Gradle project sync in process…"，如图 4-66 所示，同步大概需要较长时间，同步完成后，在工程的主类文件中，可以通过 Imgprocess 类对象调用库函数 SetData。

◀ 第4章 基于Android-JNI技术的移动平台数字图像处理

```
buildTypes {
    release {
        minifyEnabled false
        proguardFiles getDefaultProguardFile('proguard-android-optimize.txt')
    }
}
compileOptions {
    sourceCompatibility JavaVersion.VERSION_1_8
    targetCompatibility JavaVersion.VERSION_1_8
}
```

图 4-66 正在同步过程中

4.3.4 项目中的调用

在 Android 项目中通过 Imgprocess 类对象调用库函数 SetData 的效果适合用一幅图像来显示,但原始 MainActivity 中没有用于显示图像的控件,故需要增加 ImageView 控件。

在布局文件中,增加 ImageView 控件:在 res/layout/目录中找到布局文件 activity_main.xml,删除 TextView 控件,添加一个 ImageView,在属性设置中,设置 id 为 imageView,如图 4-67 所示;可通过 Constraint Widget 设置控件四边与父控件之间的间距,如图 4-68 所示。

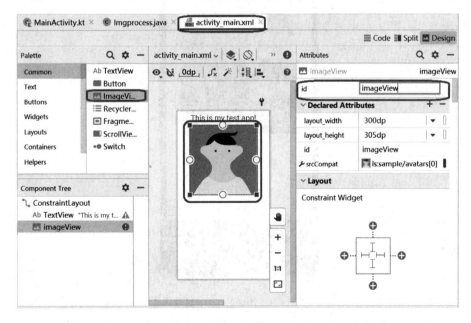

图 4-67 增加 ImageView 控件

· 97 ·

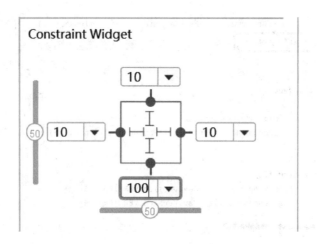

图 4-68　设置四个方向的间距

本章选择两幅作者自己采集并制作的图像文件 test1.bmp 和 test2.bmp 作为测试图像,其中 test1.bmp 为 512×512 的 8 位灰度图像,test2.bmp 为 512×512 的 24 位彩色图像。

将 test1.bmp 和 test2.bmp 复制到当前工程的 res/drawable/目录下,设置 test2.bmp 为 ImageView 图像来源,该图像为 24 位彩色图像,运行程序的效果如图 4-69 所示。

图 4-69　显示 ImageView 的效果图

在源文件 MainActivity 中,通过增加语句调用库函数 setData 实现图像处理,并显示在 ImageView 中,主要包括 4 部分:

① 获取 ImageView 控制对象；
② 获取图片数据；
③ 使用类对象 img,调用库函数 setData,实现基本图像处理；
④ 显示图像处理后的结果。

在 MainActivity 中增加下面的代码：

```
//1.获取 ImageView 控制对象
val myImageView = findViewById<View>(R.id.imageView) as ImageView
//2.获取图片数据
val bitmap = BitmapFactory.decodeResource(resources, R.drawable.test2)
val w: Int = bitmap.getWidth()
val h: Int = bitmap.getHeight()
val bt = IntArray(w * h)
bitmap.getPixels(bt, 0, w, 0, 0, w, h)
//3.调用使用类对象 img,调用库函数 setData
val img = Imgprocess()        //studio创建类对象方式改变
img.setData(w,h,bt)
//4.显示图像处理后的结果
val config = Bitmap.Config.ARGB_8888
val bm1 = Bitmap.createBitmap(w, h, config)
bm1.setPixels(bt, 0, w, 0, 0, w, h)
myImageView.setImageBitmap(bm1);
```

在 MainActivity 中添加的位置如图 4-70 所示。

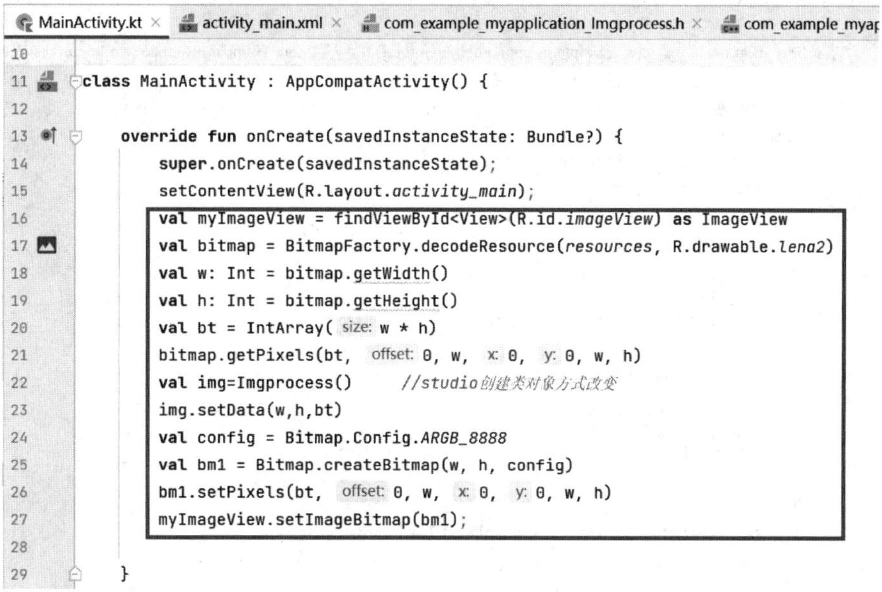

图 4-70 通过添加代码调用库函数实现图像处理

运行工程,运行效果如图 4-71 所示,可以看出库函数 setData 的效果为:针对图像的下方 1/4 行,左半边设置为黑色,右半边设置为白色。

图 4-71 调用库函数实现图像处理效果

如果想改变库函数的效果,可以到 com_example_myapplication_Imgprocess.cpp 文件中修改 setData 函数,修改效果如图 4-72 所示,即将程序中赋值区域部分黑白颜色互换。

```
JNIEXPORT void JNICALL Imgprocess.setData
    (JNIEnv * env, jobject Imgprocess , jint iw, jint ih, jintArray pixels){
    int i,j,r;
    jint *pDIB = env->GetIntArrayElements( pixels,  isCopy: 0);
    for(i=ih*3/4;i<ih;i++)
    {
        for(j=0;j<iw/2;j++)
        {
            r=255;
            *(pDIB+i*iw+j)=255 << 24|r << 16|r << 8|r;
        }
        for(j=iw/2;j<iw;j++)
        {
            r=0;
            *(pDIB+i*iw+j)=255 << 24|r << 16|r << 8|r;
        }
    }
    env->ReleaseIntArrayElements( pixels, pDIB,  mode: 0);
}
```

图 4-72 修改库函数 setData 的内容

运行程序,运行效果如图 4-73 所示,通过与图 4-71 对比可以看出,对于图像的下方 1/4 行,图像赋值的黑白相反。

4-73　修改库函数后实现的图像处理效果

4.3.5　Android 工程适用于 24 位/8 位图像

可以看出前面提到的 test2.bmp 图像是 24 位彩色图像,那么当前的程序能否适用于 8 位灰度图像呢?

在工程 res/drawable/目录中导入一幅 8 位灰度图像 test1.bmp,在 MainActivity 中修改图像数据来源语句,将 test1.bmp 作为图像数据,该语句修改为

```
val bitmap = BitmapFactory.decodeResource(resources, R.drawable.test1)
```

运行程序,效果如图 4-74 所示,这说明当前的程序适用于 8 位灰度图像。

回忆第 3 章的内容,在使用 C 语言对图像进行处理时,必须对 8 位灰度图像和 24 位彩色图像分别进行处理。然而,目前的 Android 工程可以适用于两类图像的处理,虽然在第 4.3.2 节中也使用 C 语言,但为什么没有对两类图像分别进行处理呢? 原因如下。

① 在 C 语言中,在一幅 24 位彩色图像中,每个像素数据用 3 个无符号 8 位整型数据存储,即占用 3 个字节;在一幅 8 位灰度图像中,每个像素数据用 1 个无符号 8 位整型存储,即占用 1 个字节。因为占用的字节数不同,所以图像处理部分的程序需要分别处理。

② 在第 4.3.2 节中,虽然也是基于 C 语言,但是要使用 Java 程序对数据类型进行处理,所以采用 jint 类型存储图像数据,一个 jint 是 32 位,因此无论是 8 位灰度图像还是 24 位彩色图像,每个像素都存储在一个整型数据中,而上面的基本图像处理只是将每个像素赋值为黑色/白色,故不用分别对两类图像进行不同处理。

图 4-74　针对 8 位灰度图像的处理效果

4.4　使用 Android-JNI 技术实现图像置乱

第 3.5 节讲解了如何使用 C 语言实现图像置乱,本节将讲解如何将 C 语言编写的图像置乱程序移植到本章的 Android 工程中。

4.4.1　修改 Java 类

在调用库文件的 Imgprocess.java 类中,增加调用的置乱库函数的声明:

```
public native void ZhiluanImg(int iw, int ih, int[] pixel, int ZhiluanNum);
```

添加上述语句后,Imgprocess.java 类的效果如图 4-75 所示。

选择 app/src/main/java 目录,右击选择"Open In→Terminal",在 Android Studio 软件窗口下方打开 Terminal 窗口,在 Terminal 窗口中,输入 javah 命令:

```
javah -d ../cpp com.example.myapplication.Imgprocess
```

重新生成 Imgprocess.java 类对应的头文件,如图 4-76 所示,在头文件 com_example_myapplication_Imgprocess.h 中增加置乱库函数的声明。

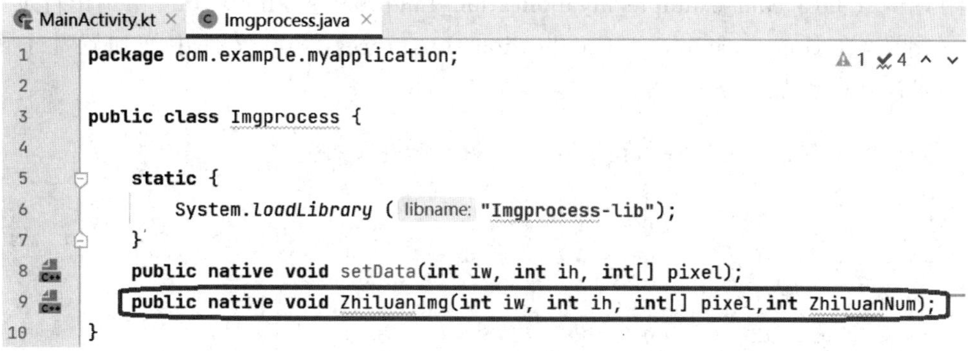

```
MainActivity.kt    Imgprocess.java
1    package com.example.myapplication;
2
3    public class Imgprocess {
4
5        static {
6            System.loadLibrary( libname: "Imgprocess-lib");
7        }
8        public native void setData(int iw, int ih, int[] pixel);
9        public native void ZhiluanImg(int iw, int ih, int[] pixel,int ZhiluanNum);
10   }
```

图 4-75　在 Imgprocess.java 类中增加置乱库函数的声明

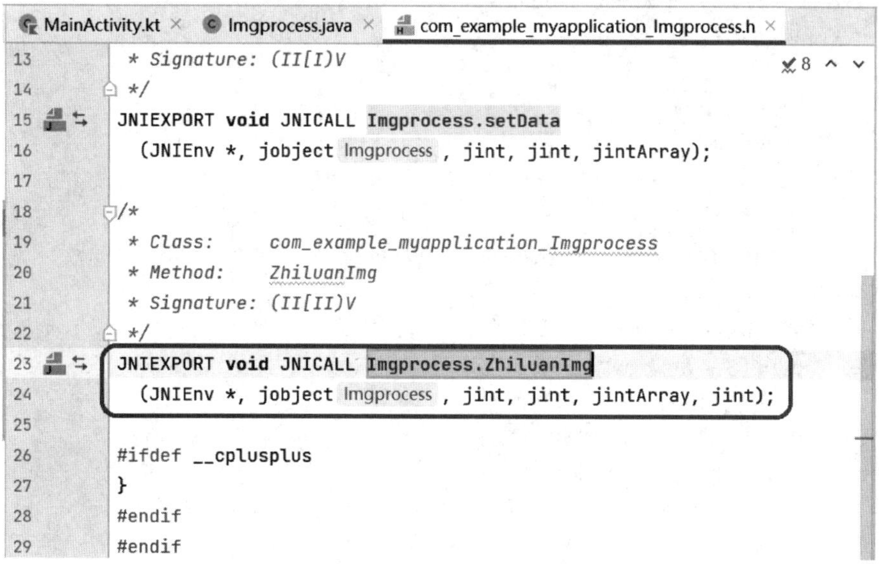

```
MainActivity.kt    Imgprocess.java    com_example_myapplication_Imgprocess.h
13    * Signature: (II[I)V
14    */
15   JNIEXPORT void JNICALL Imgprocess.setData
16     (JNIEnv *, jobject Imgprocess , jint, jint, jintArray);
17
18   /*
19    * Class:     com_example_myapplication_Imgprocess
20    * Method:    ZhiluanImg
21    * Signature: (II[II)V
22    */
23   JNIEXPORT void JNICALL Imgprocess.ZhiluanImg
24     (JNIEnv *, jobject Imgprocess , jint, jint, jintArray, jint);
25
26   #ifdef __cplusplus
27   }
28   #endif
29   #endif
```

图 4-76　在头文件中增加置乱库函数的声明

4.4.2　置乱库函数的移植

在 com_example_myapplication_Imgprocess.cpp 文件中,增加置乱库函数的定义：

```
JNIEXPORT void JNICALL Java_com_example_myapplication_Imgprocess_ZhiluanImg (JNIEnv * env,
jobject, jint iw, jint ih, jintArray pixels,jint ZhiluanNum)
{
    int i,j,r;
    jint * pDIB = env->GetIntArrayElements( pixels, 0);
    ZHILUAN(pDIB,iw,ih,ZhiluanNum);
    env->ReleaseIntArrayElements( pixels, pDIB, 0);
}
```

在库函数 Java_com_example_myapplication_Imgprocess_ZhiluanImg 中调用自定义的置乱子函数，在 com_example_myapplication_Imgprocess.cpp 文件中增加置乱子函数 ZHILUAN() 的定义：

```cpp
void ZHILUAN(jint * pDIB,int width,int height,int ZhiluanNum)
{
    int round;              //进行置乱的轮数
    int x,y;                //表示进行置乱中的位置
    int i,j;
    jint * ptempDIB;        //置乱用的暂存图像控件
    jint * lpSrc;
    jint * lpDst;
    ptempDIB = new jint[width * height];
    for(i = 0;i < width * height;i ++ )
    {
        lpSrc = pDIB + i;
        lpDst = ptempDIB + i;
        * lpDst = * lpSrc;
    }
    for (round = 0;round < ZhiluanNum;round ++ )
    {
        for(i = 0;i < height;i ++ )
        {
            for(j = 0;j < width;j ++ )
            {
                y = (i + 1) + (j + 1);
                x = (i + 1) + 2 * (j + 1);
                x = x - 1;
                y = y - 1;
                if(y > = height)
                    y = y % height ;
                if(x > = width)
                    x = x % width ;
                lpSrc = ptempDIB + i * width + j;
                lpDst = pDIB + y * width + x;
                * lpDst = * lpSrc;
            }
        }
        for(i = 0;i < width * height;i ++ )
        {
            lpSrc = pDIB + i;
            lpDst = ptempDIB + i;
            * lpDst = * lpSrc;
        }
```

```
        }
        delete []ptempDIB;
}
```

这里的置乱子函数 ZHILUAN() 与第 3 章中的置乱函数基本相同，主要区别如下：处理的数据类型是 jint；不支持 memcpy 函数，自定义 for 循环完成成块数据复制功能。

4.4.3 运行效果

在主类 MainActivity.kt 中，用下面的语句调用库函数，完成图像置乱：

```
img.ZhiluanImg(w, h, bt, 30);
```

调用上述语句的位置如图 4-77 所示。

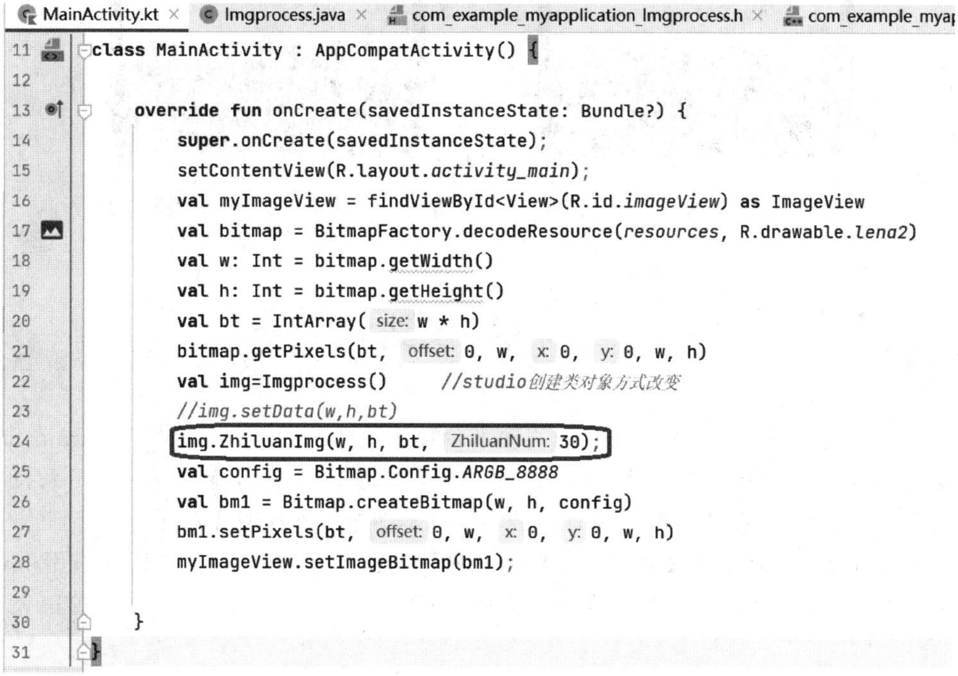

```
class MainActivity : AppCompatActivity() {

    override fun onCreate(savedInstanceState: Bundle?) {
        super.onCreate(savedInstanceState)
        setContentView(R.layout.activity_main)
        val myImageView = findViewById<View>(R.id.imageView) as ImageView
        val bitmap = BitmapFactory.decodeResource(resources, R.drawable.lena2)
        val w: Int = bitmap.getWidth()
        val h: Int = bitmap.getHeight()
        val bt = IntArray( size: w * h)
        bitmap.getPixels(bt, offset: 0, w, x: 0, y: 0, w, h)
        val img=Imgprocess()      //studio创建类对象方式改变
        //img.setData(w,h,bt)
        img.ZhiluanImg(w, h, bt,   ZhiluanNum: 30);
        val config = Bitmap.Config.ARGB_8888
        val bm1 = Bitmap.createBitmap(w, h, config)
        bm1.setPixels(bt, offset: 0, w, x: 0, y: 0, w, h)
        myImageView.setImageBitmap(bm1)

    }
}
```

图 4-77　在主类中通过调用库函数完成图像置乱

这里仍然采用 img 类对象调用 ZhiluanImg 库函数，置乱次数是 30，目前处理的图像数据是 bt，bt 数据取自 bitmap 对象，若载入的图像为 24 位彩色图像 test2.bmp，则编译并运行程序，运行效果如图 4-78 所示。

若载入的图像为 8 位灰度图像 test1.bmp，则编译并运行程序，运行效果如图 4-79 所示。

可以看出，本节使用 Android-JNI 技术实现的图像置乱功能，对 8 位灰度图像和 24 位彩色图像都适用。

数字图像处理的实现与应用

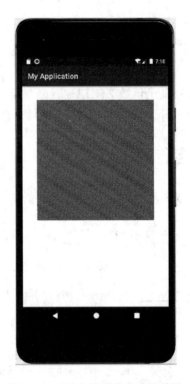

图 4-78　24 位彩色图像的置乱效果　　　图 4-79　8 位灰度图像的置乱效果

本 章 小 结

　　本章讲述基于 Android-JNI 技术的移动平台数字图像处理。首先介绍 Android Studio 的安装过程和基本使用方法；其次讲解 Android-JNI 的配置；最后讲解在 Android 移动平台中，使用 Android-JNI 技术调用 C 语言函数实现基本图像处理和图像置乱。

　　虽然采用 Android-JNI 技术仍然需要一些操作和程序移植工作，但是比起采用 Java 语言重新编写程序，尤其是当程序量较大（比如 1 000 行及以上）时，必然会节省很大的工作量。

本章主要程序的代码

　　(1) 主类 MainActivity.kt

```
package com.example.myapplication
import android.graphics.Bitmap
import android.graphics.BitmapFactory
import android.os.Bundle
```

```kotlin
import android.view.View
import android.widget.ImageView
import androidx.appcompat.app.AppCompatActivity
class MainActivity : AppCompatActivity() {
    override fun onCreate(savedInstanceState: Bundle?) {
        super.onCreate(savedInstanceState);
        setContentView(R.layout.activity_main);
        val myImageView = findViewById<View>(R.id.imageView) as ImageView
        val bitmap = BitmapFactory.decodeResource(resources, R.drawable.test1)
        val w: Int = bitmap.getWidth()
        val h: Int = bitmap.getHeight()
        val bt = IntArray(w * h)
        bitmap.getPixels(bt, 0, w, 0, 0, w, h)
        val img = Imgprocess()        //studio 创建类对象方式改变
        //img.setData(w,h,bt)
        img.ZhiluanImg(w, h, bt, 30);
        val config = Bitmap.Config.ARGB_8888
        val bm1 = Bitmap.createBitmap(w, h, config)
        bm1.setPixels(bt, 0, w, 0, 0, w, h)
        myImageView.setImageBitmap(bm1);
    }
}
```

(2) 布局文件 activity_main.xml

```xml
<?xml version = "1.0" encoding = "utf-8"?>
<androidx.constraintlayout.widget.ConstraintLayout
xmlns:android = "http://schemas.android.com/apk/res/android"
    xmlns:app = "http://schemas.android.com/apk/res-auto"
    xmlns:tools = "http://schemas.android.com/tools"
    android:layout_width = "match_parent"
    android:layout_height = "match_parent"
    tools:context = ".MainActivity">

    <ImageView
        android:id = "@+id/imageView"
        android:layout_width = "329dp"
        android:layout_height = "431dp"
        android:layout_marginTop = "100dp"
        android:layout_marginStart = "10dp"
        android:layout_marginEnd = "10dp"
        android:layout_marginBottom = "300dp"
        app:layout_constraintBottom_toBottomOf = "parent"
        app:layout_constraintEnd_toEndOf = "parent"
```

```
            app:layout_constraintStart_toStartOf = "parent"
            app:layout_constraintTop_toTopOf = "parent"
        />
</androidx.constraintlayout.widget.ConstraintLayout>
```

(3) 调用库函数的 Java 类 Imgprocess.java

```java
package com.example.myapplication;

public class Imgprocess {
    static {
        System.loadLibrary("Imgprocess-lib");
    }
    public native void setData(int iw, int ih, int[] pixel);
    public native void ZhiluanImg(int iw, int ih, int[] pixel, int ZhiluanNum);
}
```

(4) 库函数的头文件 com_example_myapplication_Imgprocess.h

```c
/* DO NOT EDIT THIS FILE - it is machine generated */
#include <jni.h>
/* Header for classcom_example_myapplication_Imgprocess */
#ifndef _Included_com_example_myapplication_Imgprocess
#define _Included_com_example_myapplication_Imgprocess
#ifdef __cplusplus
extern "C" {
#endif
/*
 * Class:com_example_myapplication_Imgprocess
 * Method:setData
 * Signature: (II[I)V
 */
JNIEXPORT void JNICALL Java_com_example_myapplication_Imgprocess_setData
    (JNIEnv *, jobject, jint, jint, jintArray);
/*
 * Class:com_example_myapplication_Imgprocess
 * Method:ZhiluanImg
 * Signature: (II[II)V
 */
JNIEXPORT void JNICALL Java_com_example_myapplication_Imgprocess_ZhiluanImg
    (JNIEnv *, jobject, jint, jint, jintArray, jint);
#ifdef __cplusplus
}
#endif
#endif
```

(5) C语言的源文件 com_example_myapplication_Imgprocess.cpp

```cpp
// Created by Ding on 2024/7/17.
/* DO NOT EDIT THIS FILE - it is machine generated */
#include "com_example_myapplication_Imgprocess.h"
void ZHILUAN(jint * pDIB,int width,int height,int ZhiluanNum);
JNIEXPORT void JNICALL Java_com_example_myapplication_Imgprocess_setData
        (JNIEnv * env, jobject, jint iw, jint ih, jintArray pixels){
    int i,j,r;
    jint * pDIB = env->GetIntArrayElements( pixels, 0);
    for(i = ih * 3/4;i < ih;i++)
    {
        for(j = 0;j < iw/2;j++)
        {
            r = 0;
            *(pDIB + i * iw + j) = 255 << 24|r << 16|r << 8|r;
        }
        for(j = iw/2;j < iw;j++)
        {
            r = 255;
            *(pDIB + i * iw + j) = 255 << 24|r << 16|r << 8|r;
        }
    }
    env->ReleaseIntArrayElements( pixels, pDIB, 0);
}


JNIEXPORT void JNICALL Java_com_example_myapplication_Imgprocess_ZhiluanImg(JNIEnv * env,
jobject, jint iw, jint ih, jintArray pixels,jint ZhiluanNum)
{
    int i,j,r;
    jint * pDIB = env->GetIntArrayElements( pixels, 0);
    ZHILUAN(pDIB,iw,ih,ZhiluanNum);
    env->ReleaseIntArrayElements( pixels, pDIB, 0);
}
void ZHILUAN(jint * pDIB,int width,int height,int ZhiluanNum)
{
    int round;          //进行置乱的轮数
    int x,y;            //表示进行置乱中的位置
    int i,j;

    jint * ptempDIB;    //置乱用的暂存图像控件
    jint * lpSrc;
    jint * lpDst;
    ptempDIB = new jint[width * height];
    for(i = 0;i < width * height;i++)
```

```
{
    lpSrc = pDIB + i;
    lpDst = ptempDIB + i;
    * lpDst = * lpSrc;
}
//memcpy(ptempDIB,pDIB,width * height * sizeof(jint));
for (round = 0; round < ZhiluanNum; round++)
{
    for(i = 0; i < height; i++)
    {
        for(j = 0; j < width; j++)
        {
            y = (i + 1) + (j + 1);
            x = (i + 1) + 2 * (j + 1);
            x = x - 1;
            y = y - 1;
            if(y >= height)
                y = y % height;
            if(x >= width)
                x = x % width;
            lpSrc = ptempDIB + i * width + j;
            lpDst = pDIB + y * width + x;
            * lpDst = * lpSrc;
        }
    }
    for(i = 0; i < width * height; i++)
    {
        lpSrc = pDIB + i;
        lpDst = ptempDIB + i;
        * lpDst = * lpSrc;
    }
}
delete []ptempDIB;
}
```

第 5 章
使用Python语言实现数字图像处理

本章将讲述使用 Python 语言实现数字图像处理。首先介绍 Python 开发环境的安装，以及 PyCharm 开发环境的基本使用，包括新建工程、运行工程；其次讲述 OpenCV 的安装与测试；最后讲解如何在 Python 环境中使用 OpenCV 实现图像处理。

本章安排如下：
- Python 开发环境安装；
- OpenCV 安装与测试；
- 使用 OpenCV 实现图像处理。

5.1　Python 开发环境安装

Python 开发环境安装包括两部分：Python 和 PyCharm。

1. Python 的下载与安装

首先在 Python 官网下载安装文件，运行安装文件，开始安装 Python，安装界面如图 5-1 所示，这里注意默认安装目录为：用户目录\AppData\Local\Programs\Python\Python 版本目录。

单击"Install Now"，开始安装 Python，安装过程中，将出现安装进度界面，如图 5-2 所示，安装成功后，如图 5-3 所示。

2. PyCharm 的下载与安装

Python 是解释器，类似于 Java 开发中的 JDK，只安装 Python 不能进行程序开发，还需要安装开发环境 PyCharm。

PyCharm 是为 Python 编程语言专门打造的一款 IDE（Integrated Development Environment，集成开发环境）。下载 PyCharm 安装文件，运行安装文件，开始安装 PyCharm，如图 5-4 所示。

图 5-1　Python 安装初始界面

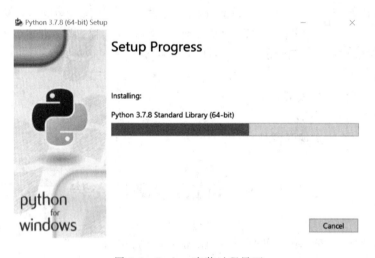

图 5-2　Python 安装过程界面

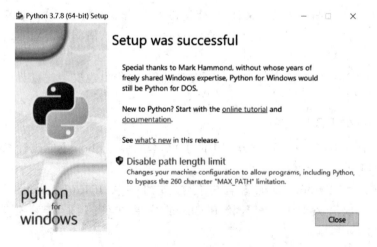

图 5-3　Python 安装成功界面

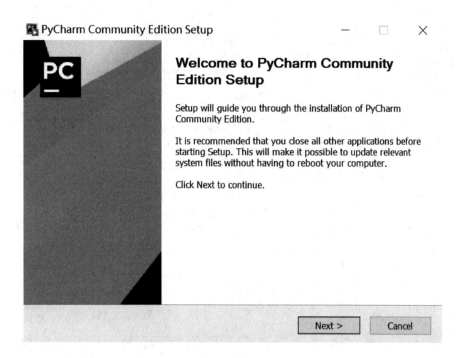

图 5-4　PyCharm 安装界面(一)

单击"Next"按钮,进入下一步安装,如图 5-5 所示。

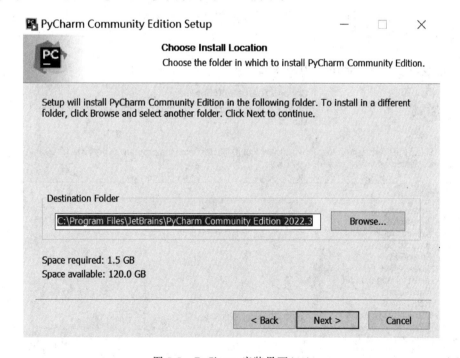

图 5-5　PyCharm 安装界面(二)

在如图 5-5 所示的界面中可以设置安装路径,也可以采用默认安装路径,单击"Next"按钮,进入下一界面,如图 5-6 所示。

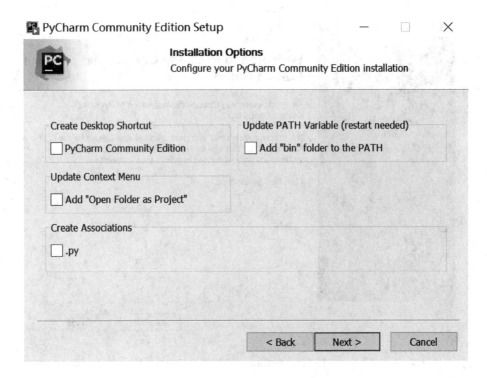

图 5-6　PyCharm 安装界面（三）

在如图 5-6 所示的界面中可以设置部分参数，这里采用默认选项，单击"Next"按钮，进入下一界面，如图 5-7 所示。

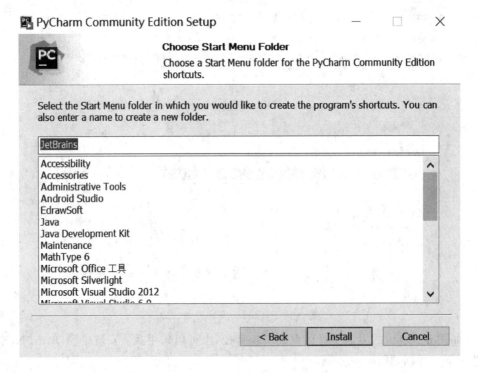

图 5-7　PyCharm 安装界面（四）

在选择开始文件夹时选择"JetBrains",单击"Install"按钮开始安装,安装过程中,将出现安装进度界面,如图 5-8 所示,安装成功后,如图 5-9 所示,单击"Finish"按钮可完成 PyCharm 安装。

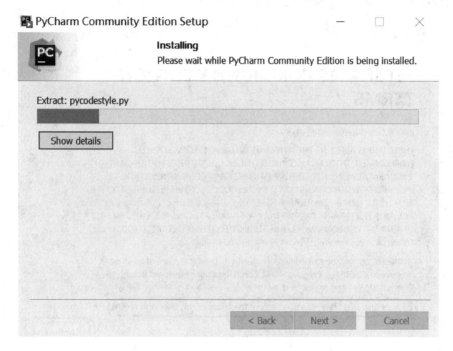

图 5-8　PyCharm 安装过程界面

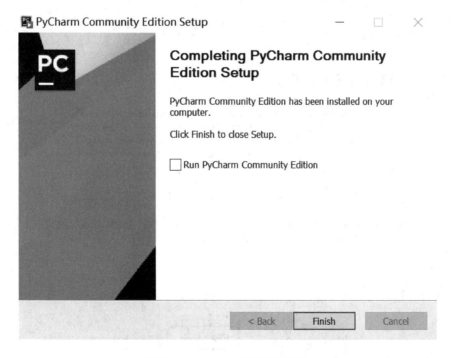

图 5-9　PyCharm 安装成功界面

3. 新建工程

打开 PyCharm 软件，首先显示 PyCharm User Agreement 窗口，如图 5-10 所示，选中下方的复选框，单击"Continue"按钮，进入下一界面，如图 5-11 所示。

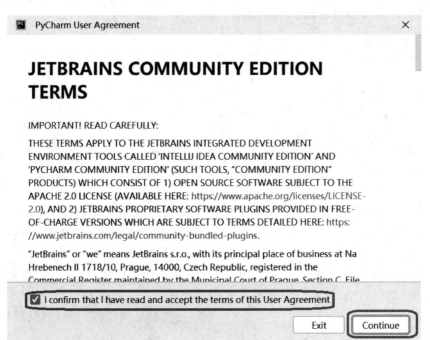

图 5-10　PyCharm User Agreement 窗口

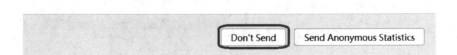

图 5-11　Data Sharing 窗口

Data Sharing 窗口询问用户是否愿意进行数据共享，单击"Don't Send"按钮，将显示 PyCharm 启动界面，如图 5-12 所示。

图 5-12　PyCharm 启动界面

启动完成后，将显示 PyCharm 初始界面，如图 5-13 所示。在初始界面中单击"New Project"，开始新建工程，如图 5-14 所示，在这里可以设置工程路径和工程名称，开发环境会在工程路径下，根据工程名称新建同名目录，用于存储工程文件，这里使用默认的工程路径和工程名称 pythonProject，单击"Create"按钮，新建工程。

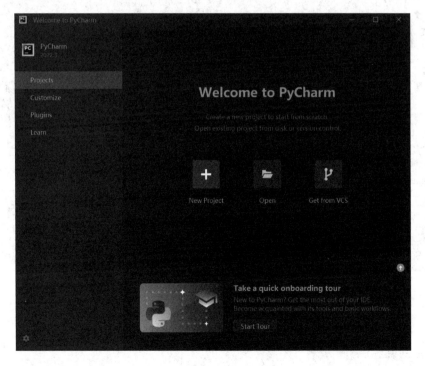

图 5-13　PyCharm 初始界面

数字图像处理的实现与应用

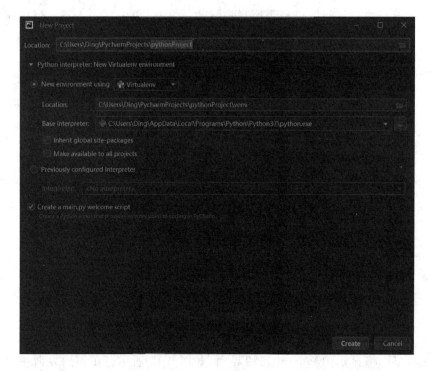

图 5-14　新建工程

完成新建工程后,工程界面如图 5-15 所示。

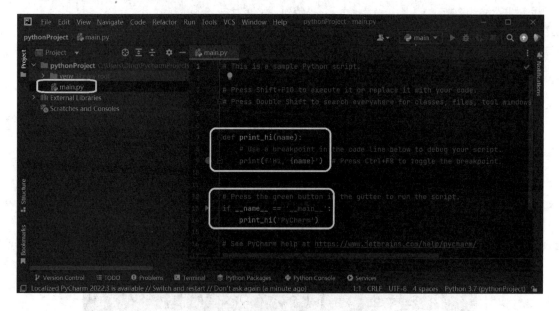

图 5-15　工程 pythonProject 界面

在界面中可以看到,工程的默认主文件为 main.py,主文件中定义了下面的初始语句:

```
def print_hi(name):
    # Use a breakpoint in the code line below to debug your script.
```

```
    print(f'Hi, {name}')  # Press Ctrl+F8 to toggle the breakpoint.
# Press the green button in the gutter to run the script.
if __name__ == '__main__':
    print_hi('PyCharm')
```

这段程序的功能为：通过 print_hi 调用 print 指令，实现在程序输出界面中显示"Hi, PyCharm"。

4. 运行工程

单击 main 右侧的运行按钮，如图 5-16 所示。

图 5-16　单击运行按钮

在 PyCharm 下方会出现输出窗口，如图 5-17 所示。由图 5-17 可知，在输出窗口显示了字符串"Hi, PyCharm"。

图 5-17　输出窗口显示运行结果（一）

如果将第 12 行 print_hi 指令修改为

```
print_hi('This is my test program! ')
```

运行程序，运行结果会相应地发生改变，如图 5-18 所示。

图 5-18　输出窗口显示运行结果（二）

5.2 OpenCV 安装与测试

1. OpenCV 介绍

本章主要使用 Python 环境下的 OpenCV 实现图像处理。OpenCV(Open Source Computer Vision Library)是一个基于开源发行的跨平台计算机视觉库,它实现了图像处理和计算机视觉方面的很多通用算法,已成为计算机视觉领域最有力的研究工具之一。

2. OpenCV 安装

要想在 Python 中使用 OpenCV,则需要在 Python 环境中安装 OpenCV 的相关文件,可以通过在命令行模式下使用 pip 方式安装,也可以直接在 PyCharm 软件中安装 OpenCV 解释器,下面介绍在 PyCharm 软件中安装的过程。

在 PyCharm 软件中,选择"File→Settings…",如图 5-19 所示。

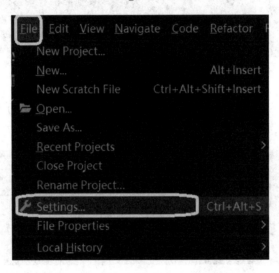

图 5-19　在 PyCharm 中选择设置

在 Settings 窗口中,选择左侧的"Project pythonProject→Python Interpreter",在右侧窗口中可以看到当前解释器支持的 Package,如图 5-20 所示,可以看到 Package 中没有 OpenCV,这表示当前软件没有安装 OpenCV,所以不支持 OpenCV 指令。单击 Package 上方的"+",进入 Available Package 窗口,如图 5-21 所示。

由于当前可选的 Package 很多,在上方搜索框中输入"opencv",下方会列出以 opencv 开头的各个 Package,从中选择"opencv-python",单击下方的"Install Package",完成 OpenCV 的安装。

这里安装 OpenCV 需要一段时间,主要原因是需要联网下载安装文件,这里可能会碰到下面的情形。在下载安装过程中,如果使用有线网,则下载速度慢而且容易中断;如果使用无线网,则速度很快而且一次成功。

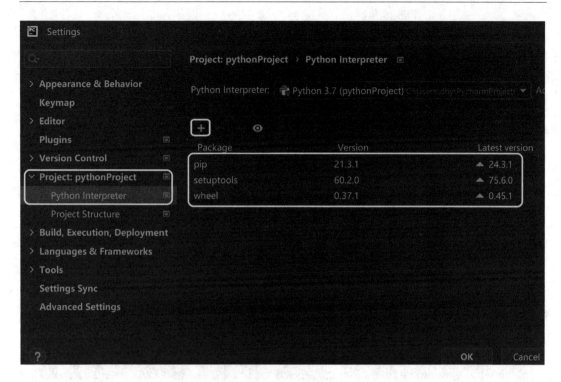

图 5-20 Settings 窗口（一）

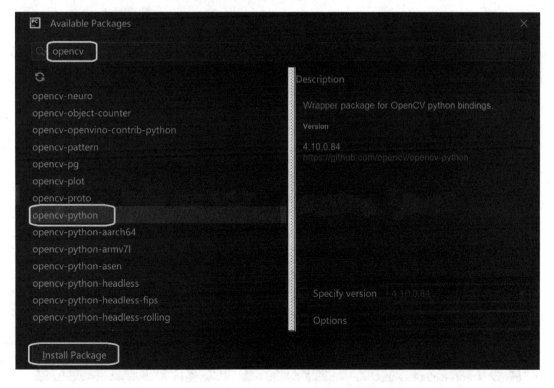

图 5-21 Available Package 窗口（一）

当成功安装 OpenCV 后，界面会显示 opencv-python 包安装成功，如图 5-22 所示。

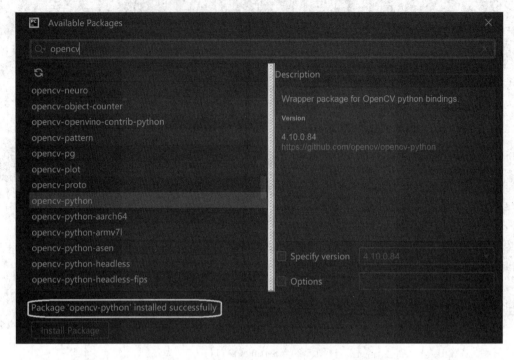

图 5-22　Available Package 窗口（二）

成功安装 OpenCV 后，返回 Settings 窗口，如图 5-23 所示，在 Package 部分可以看到 opencv-python，这表示当前 PyCharm 软件包含 OpenCV 的解释器。

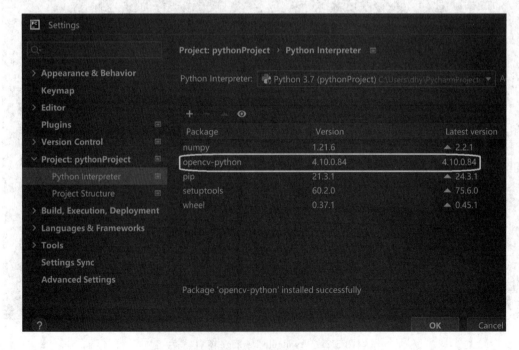

图 5-23　Settings 窗口（二）

3. OpenCV 测试

这里对安装好的 OpenCV 进行测试。

本章选择一幅作者自己采集并制作的照片 test3.bmp 作为测试图像，test3.bmp 为 512×512 的 24 位彩色图像。

在第 5.1 节新建的 pythonProject 工程中，传入 test3.bmp 图片作为测试图像，并在 main.py 中增加下面的语句：

```python
import cv2
img = cv2.imread('test3.bmp')
cv2.imshow("test",img)
cv2.waitKey(10000)
```

运行工程，运行效果如图 5-24 所示，可知 OpenCV 安装成功。

如果想对图像文件进行基本图像处理，即将图像下方 1/4 行的左半部分和右半部分分别赋值为黑色和白色，可在 main.py 中通过下面代码实现，程序运行结果如图 5-25 所示。

```python
import cv2
img = cv2.imread('test3.bmp')
w,h = img.shape[:2]
for i in range(int(h * 3/4),h):
    for j in range(1, int(w/2)):
        img[i, j] = 0
    for j in range(int(w / 2) + 1,w):
        img[i, j] = 255
cv2.imshow("process",img)
cv2.waitKey(1000)
```

图 5-24　显示图像结果

图 5-25　基本图像处理结果

5.3　使用 OpenCV 实现图像处理

本节讲解使用 OpenCV 实现图像处理,主要包括 3 部分:基本图像操作、图像几何变换、图像的数学形态学处理。

1. 基本图像操作

OpenCV 基本图像处理包括以下 3 个部分:读取图像、显示图像、保存图像。

(1) 读取图像

函数原型为 retval=cv2.imread(filename[,flags])。其中:retval 是返回值,其值是读到的图像数据;filename 是图像完整的路径名和文件名;flag 是读取标记。

(2) 显示图像

函数原型为 None=cv2.imshow(winname,mat)。其中:winname 是窗口名称;mat 是待显示的图像数据。

(3) 保存图像

函数原型为 retval=cv2.imwrite(filename, mat[,params])。其中:retval 是返回值,保存成功返回 True,否则返回 False;filename 是要保存的图像的完整路径名和文件名,包括文件扩展名;mat 是待保存的图像数据。

演示程序如下,分别读取图像、显示图像,显示效果如图 5-24 所示,并且在工程目录下将图像数据 img 保存为图像文件 result1.bmp。

```
import cv2
img = cv2.imread('test3.bmp')
cv2.imshow("test",img)
cv2.waitKey(1000)
cv2.imwrite("result1.bmp", img)
```

上面演示的基本图像处理过程包括图像打开、显示和保存,但是图像处理的核心是对图像数据的处理。例如,在上一节中实现的基本图像处理(将图像下方 1/4 行的左半部分和右半部分分别赋值为黑色和白色)。如果将图像处理后的结果保存为 result2.bmp,则图像处理的完整程序如下:

```
import cv2
img = cv2.imread('test3.bmp')
w,h = img.shape[:2]
for i in range(int(h * 3/4),h):
    for j in range(1, int(w/2)):
        img[i, j] = 0
    for j in range(int(w / 2) + 1,w):
        img[i, j] = 255
cv2.imshow("process",img)
```

```
cv2.waitKey(1000)
cv2.imwrite("result2.bmp", img)
```

运行程序效果如图 5-25 所示,并且在工程目录下将处理后的图像数据 img 保存为图像文件 result2.bmp,该文件的显示效果如图 5-26 所示。

图 5-26　图像文件 result2.bmp

因此,完整的图像处理过程应该包括 4 个部分:读取图像、显示图像、处理图像、保存图像。其中,处理图像则是整个图像处理程序的核心。

2. 图像几何变换

本部分主要讲解两种图像几何变换:图像缩放、图像旋转。

(1) 图像缩放

图像缩放的核心指令是 resize。

基本格式为 retval=cv2.resize(mat,(sizew,sizeh))。其中:retval 是返回值,其值是缩放后得到的图像数据;mat 是待缩放的原始图像数据;sizew 和 sizeh 是缩放变换的目标图像的宽和高。

演示程序如下:

```
import cv2
img = cv2.imread('test3.bmp')
w,h = img.shape[:2]
print(img.shape)
img2 = cv2.resize(img,(int(w * 0.8),int(h * 0.6)))
print(img2.shape)
cv2.imshow("resize",img2)
cv2.waitKey(1000)
cv2.imwrite("result3.bmp", img2)
```

上述程序的功能是：对于原图像数据 img，将其宽和高缩小为原始宽和高的 80% 和 60%，生成新图像数据 img2；显示 img2，保存 img2 为 result3.bmp；输出缩放前后的图像数据，对变换前后的宽和高进行对比。

运行程序，显示缩放后的图像数据 img2，如图 5-27 所示。缩放前后的宽和高对比如图 5-28 所示，可以看到原始图像数据的宽和高分别为 512 和 512，缩小后图像数据的宽和高分别为 409 和 307，分别约为原始宽和高的 80% 和 60%。

图 5-27　缩放后的图像数据

图 5-28　缩放前后的宽和高对比

（2）图像旋转

图像旋转的核心指令是 getRotationMatrix2D 和 warpAffine，首先通过指令 getRotationMatrix2D 获取旋转映射矩阵，然后使用指令 warpAffine 对图像数据进行旋转。

基本格式为 retval=cv2.getRotationMatrix2D(center,angle,scale)。其中：retval 表示返回的旋转映射矩阵数据；center 为旋转中心点（旋转图像数据中心）；angle 为旋转的角度（正数表示逆时针旋转，负数表示顺时针旋转）；scale 为变换尺度（缩放比例）。

基本格式为 retval=cv2.warpAffine(mat,M,(dstw,dsth))。其中：retval 表示返回的旋转后的图像数据；mat 表示旋转前的原始图像数据；M 表示旋转映射矩阵（由 getRotationMatrix2D 指令生成）；(dstw,dsth) 表示旋转后图像数据的宽和高。

演示程序如下：

```
import cv2
img = cv2.imread('test3.bmp')
w,h = img.shape[:2]
```

```
M = cv2.getRotationMatrix2D((w/2,h/2),15,1)
img2 = cv2.warpAffine(img,M,(w,h))
cv2.imshow("rotate",img2)
cv2.waitKey(1000)
cv2.imwrite("result4.bmp", img2)
```

上述程序的功能是：对于原图像数据 img,以图像中心 $(w/2,h/2)$ 为旋转中心,使其逆时针旋转 15°,缩放尺度为 1,生成新图像数据 img2;显示 img2,保存 img2 为 result4.bmp。

运行程序,显示旋转后的图像数据 img2,如图 5-29 所示。

图 5-29 旋转后的图像数据

3. 图像的数学形态学处理

图像形态学主要从图像内部提取分量信息,该分量信息通常用于表达和描绘图像的形状,通常是图像理解时最本质的形状特征。

此处图像的数学形态学处理包括以下 2 个部分:图像膨胀和图像腐蚀。

(1) 图像膨胀

图像膨胀操作是以原有像素集合为基础,根据结构元素向外扩张,将扩张的像素与原有像素集合合并形成膨胀后的像素集合。

如果图像内两个像素不相邻但是距离较近,那么在膨胀过程中,两个像素可能会连通在一起。因此,膨胀操作对填补图像分割后图像内存在的小面积空白区域很有帮助。

图像膨胀的核心指令是 dilate 和 getStructuringElement。

基本格式为 dst = cv2.dilate(src, kernel)。其中:dst 是返回值,表示膨胀后生成的新图像数据;src 是待处理的原始图像数据;kernel 表示用于形态学处理的结构元素,结构元素使用指令 getStructuringElement 生成。

基本格式为 retval=cv.getStructuringElement(shape, ksize)。其中:retval 是返回值,

表示生成的结构元素数据;shape 表示结构元素的形状;ksize 表示结构元素的尺寸。

演示程序如下:

```
import cv2
img = cv2.imread('menu.bmp')
kernel = cv2.getStructuringElement(cv2.MORPH_RECT, (3, 3))
img2 = cv2.dilate(img, kernel)
cv2.imshow("dilate",img2)
cv2.waitKey(1000)
cv2.imwrite("result5.bmp", img2)
```

上述程序的功能是:读入二值图像 menu.bmp,并记为 img,生成一个 3×3 方形结构元素 kernel,使用 kernel 对原始图像数据 img 进行膨胀处理,生成新图像数据 img2;显示 img2,保存 img2 为 result5.bmp。

先将图像 menu.bmp 导入 pythonProject 工程,该图像如图 5-30 所示。

图 5-30　menu.bmp 原图(一)

运行程序,膨胀后的图像数据如图 5-31 所示。

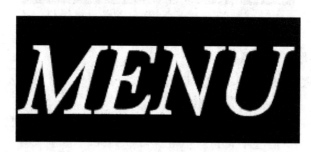

图 5-31　使用 3×3 方形结构元素进行膨胀处理后的图像

如果使用下面的语句生成 7×7 方形结构元素 kernel,那么运行程序,膨胀后的图像数据如图 5-32 所示。

```
kernel = cv2.getStructuringElement(cv2.MORPH_RECT, (7, 7))
```

通过对比图 5-31 和图 5-30 可以看出,膨胀后的图像比原有图像的前景区域大,原本不相邻的两个区域距离变近;通过对比图 5-32 和图 5-30 可以看出,随着结构元素尺寸的增大,原本不相邻的两个区域可以连通到一起。

图 5-32　使用 7×7 方形结构元素进行膨胀处理后的图像

（2）图像腐蚀

图像腐蚀以原有图像数据集合为基础，判断以哪些位置为中心，能够完全包含结构元素，保留这些位置，生成腐蚀后的新集合，腐蚀使图像沿着边界向内收缩。图像腐蚀可能会造成图像数据中原本连通在一起的区域分离为两个或多个区域。

图像腐蚀的核心指令是 erode 和 getStructuringElement。

基本格式为 dst = cv2.erode(src, kernel)。其中：dst 是返回值，表示腐蚀后生成的新图像数据；src 是待处理的原始图像数据；kernel 表示用于形态学处理的结构元素，结构元素使用指令 getStructuringElement 生成。

指令 getStructuringElement 的使用方法在前面已经讲解，这里不再重复。

演示程序如下：

```
import cv2
img = cv2.imread('menu.bmp')
kernel = cv2.getStructuringElement(cv2.MORPH_RECT,(3, 3))
img2 = cv2.erode(img, kernel)
cv2.imshow("erode",img2)
cv2.waitKey(1000)
cv2.imwrite("result6.bmp", img2)
```

上述程序的功能是：读入二值图像 menu.bmp，并记为 img，生成一个 3×3 方形结构元素 kernel，使用 kernel 对原始图像数据 img 进行腐蚀处理，生成新图像数据 img2；显示 img2，保存 img2 为 result6.bmp。

原始图像 menu.bmp 如图 5-33 所示。

图 5-33　menu.bmp 原图（二）

运行程序，腐蚀后的图像数据如图 5-34 所示。

图 5-34　使用 3×3 方形结构元素进行腐蚀处理后的图像

如果使用下面的语句生成 5×5 方形结构元素 kernel，那么运行程序，腐蚀后的图像数据如图 5-35 所示。

```
kernel = cv2.getStructuringElement(cv2.MORPH_RECT,(5,5))
```

图 5-35　使用 5×5 方形结构元素进行腐蚀处理后的图像

通过对比图 5-34 和图 5-33 可以看出，腐蚀后的图像比原有图像的前景区域小，原本连通的区域中的连接线变细；通过对比图 5-35 和图 5-33 可以看出，随着结构元素尺寸的增大，原本连通在一起的区域分离为两个或多个区域。

本 章 小 结

本章讲述使用 Python 语言实现数字图像处理。首先介绍 Python 开发环境的安装，以及 PyCharm 开发环境的基本使用；其次讲述 OpenCV 工具的安装与测试；最后讲解如何在 Python 环境中使用 OpenCV 实现图像处理，主要包括基本图像操作、图像几何变换、图像的数学形态学处理。

本章主要 Python 程序

main.py 中的主要程序语句如下。
(1) 基本图像处理

```
import cv2
img = cv2.imread('test3.bmp')
w,h = img.shape[:2]
for i in range(int(h * 3/4),h):
    for j in range(1, int(w/2)):
        img[i, j] = 0
    for j in range(int(w / 2) + 1,w):
        img[i, j] = 255
cv2.imshow("process",img)
cv2.waitKey(1000)
cv2.imwrite("result2.bmp",img)
```

(2) 图像缩放

```
import cv2
img = cv2.imread('test3.bmp')
w,h = img.shape[:2]
print(img.shape)
img2 = cv2.resize(img,(int(w * 0.8),int(h * 0.6)))
print(img2.shape)
cv2.imshow("resize",img2)
cv2.waitKey(1000)
cv2.imwrite("result3.bmp", img2)
```

(3) 图像旋转

```
import cv2
img = cv2.imread('test3.bmp')
w,h = img.shape[:2]
M = cv2.getRotationMatrix2D((w/2,h/2),15,1)
img2 = cv2.warpAffine(img,M,(w,h))
cv2.imshow("rotate",img2)
cv2.waitKey(1000)
cv2.imwrite("result4.bmp", img2)
```

(4) 图像膨胀

```
import cv2
img = cv2.imread('menu.bmp')
kernel = cv2.getStructuringElement(cv2.MORPH_RECT,(3,3))
img2 = cv2.dilate(img, kernel)
cv2.imshow("dilate",img2)
cv2.waitKey(1000)
cv2.imwrite("result5.bmp", img2)
```

(5) 图像腐蚀

```
import cv2
img = cv2.imread('menu.bmp')
kernel = cv2.getStructuringElement(cv2.MORPH_RECT,(3,3))
img2 = cv2.erode(img, kernel)
cv2.imshow("erode",img2)
cv2.waitKey(1000)
cv2.imwrite("result6.bmp", img2)
```

第 6 章 Python环境中的GUI实现

由第 5 章可知,在 Python 的开发环境 PyCharm 中,运行程序时没有提供 GUI(图形用户接口),即没有提供用户操作的图形用户界面。虽然没有 GUI 程序依然可以运行,但是操作起来非常不便。

本章将讲述 Python 环境中的 GUI 实现。GUI 实现需要使用 PIL 库。PIL(Python Imaging Library)是 Python 中常用的图像处理库,支持多种图像处理和多种图像格式。

本章将讲解使用 PIL 库实现 Python 环境中的图形用户界面,包括添加 PIL 库、实现图形用户界面、实现按钮和消息响应函数。

本章安排如下:
- 添加 PIL 库;
- 实现图形用户界面;
- 实现按钮和消息响应函数。

6.1 添加 PIL 库

本章要实现的图形用户界面依托 PIL 库,故需要在 PyCharm 环境中添加 PIL 库。

启动 PyCharm 软件,打开第 5 章已经建好的 pythonProject 工程,选择"File→Settings…",在 Settings 窗口中,选择左侧的"Project pythonProject→Python Interpreter",在右侧窗口中可以看到当前解释器支持的 Package,如图 6-1 所示,可以看到当前支持的 Package 共有 5 个,包括在第 5 章中添加的 OpenCV 库。

但是目前没有 PIL 库,单击 Package 上方的"+",进入 Available Package 窗口,如图 6-2 所示,在搜索框中输入"pillow",在库列表中找到"pillow",单击左下方的"Install Package"按钮,可以看到列表中的 pillow 后面显示正在安装。

pillow 安装完成后,在窗口左下方会显示"Package 'pillow' installed successfully",如图 6-3 所示。

关闭 Available Package 窗口,返回 Settings 窗口,可以看到当前工程解释器支持的

Package 包括 pillow，如图 6-4 所示。

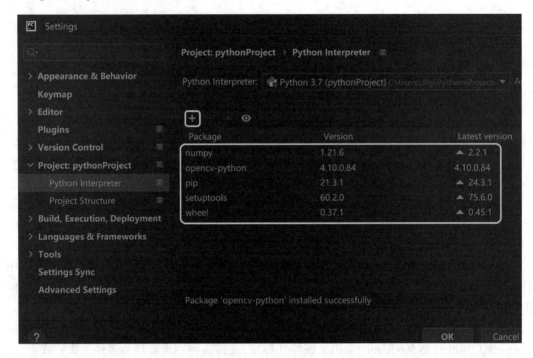

图 6-1　Settings 窗口（一）

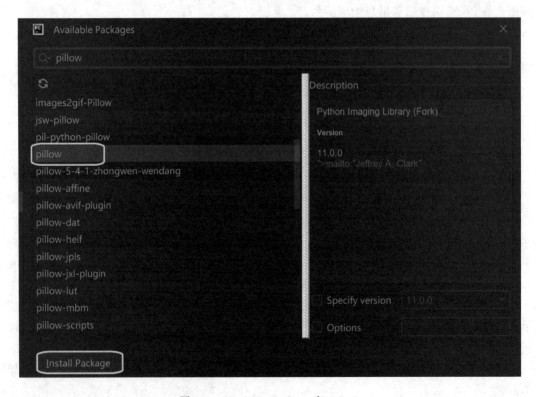

图 6-2　Available Package 窗口（一）

第6章 Python环境中的GUI实现

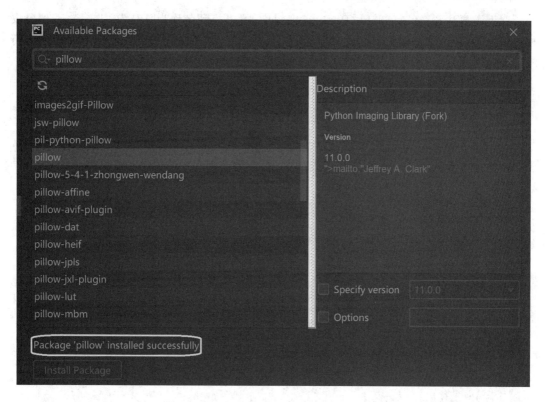

图 6-3　Available Package 窗口（二）

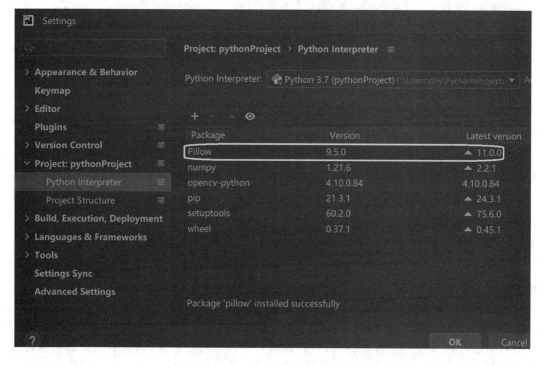

图 6-4　Settings 窗口（二）

这里需要注意：在 Available Package 窗口中，可以找到名称为"PIL"的 Package，但是安装过程始终报错，这是因为 PIL 库较早，目前不支持该库的安装，需要安装 pillow 库来支持 PIL 库的开发。

6.2　实现图形用户界面

在当前工程的 main.py 中添加下面的语句，使当前程序支持 PIL 库：

```python
import tkinter as tk
from PIL import Image, ImageTk
```

在 main.py 中添加下面的语句，实现一个图形化的用户窗口：

```python
# 创建主窗口
root = tk.Tk()
root.title("Test")
# 设置窗口的宽度和高度
window_width = 720
window_height = 500
# 获取屏幕尺寸
screen_width = root.winfo_screenwidth()
screen_height = root.winfo_screenheight()
# 计算窗口的位置
x = (screen_width - window_width) // 2
y = (screen_height - window_height) // 2
# 设置窗口的位置和大小
root.geometry(f'{window_width}x{window_height}+{x}+{y}')
# 固定窗口大小
root.resizable(False, False)
# 运行主循环
root.mainloop()
```

上述指令的功能是：创建一个图形化的用户窗口，步骤包括创建主窗口、设置窗口的宽度和高度、获取屏幕尺寸、计算窗口的位置、设置窗口的位置和大小、固定窗口大小、运行主循环。

需要注意 screen_width/screen_height 和 window_width/window_height 的区别，其中 screen_width/screen_height 是指当前系统显示窗口的宽/高，window_width/window_height 则是指当前程序生成图形用户窗口的宽/高。

运行 main.py，实现效果如图 6-5 所示。

在 main.py 中添加下面的语句，可以在窗口中设定一个区域，以显示图像和图像处理后的结果，该区域大小为 400×400，控制对象为 ImageCanvas。

图 6-5 生成一个图形用户窗口

```
#初始图像画布
ImageCanvas = tk.Canvas(root, bg = 'white', height = 400, width = 400)
ImageCanvas.place(x = 50, y = 40)
```

运行 main.py,实现效果如图 6-6 所示。

图 6-6 增加一个显示图像的区域

6.3 实现按钮和消息响应函数

在 GUI 界面中，必然包含适合用户操作的控件，例如，每个按钮必须有消息响应函数与之对应，即用户单击该按钮后，必然会触发对应的操作。

本节讲解在界面中如何添加按钮和按钮的消息响应函数。

1. "打开图像"按钮及其消息响应函数

在 main.py 中添加下面的语句，在窗口中增加一个"打开图像"按钮：

```
#创建打开图像按钮并设置其位置
OpenFilebutton = tk.Button(root, text = "打开图像", width = 15, height = 2, command = OpenFilebutton_click)
OpenFilebutton.place(x = 520, y = 70)
```

上述程序的功能是：设置"打开图像"按钮的名称、大小、响应函数和位置，其中重点是 command = OpenFilebutton _ click，这表示当前按钮的消息响应函数的名称为"OpenFilebutton_click"。

如果现在运行 main.py，程序会报错，错误提示为"NameError：name 'OpenFilebutton_click' is not defined"，效果如图 6-7 所示。其中错误产生的原因是目前还没有定义按钮的消息响应函数 OpenFilebutton_click。

图 6-7 因没有定义按钮的消息响应函数而显示的报错信息

在 main.py 中，增加消息响应函数 OpenFilebutton_click 的语句如下：

```
def OpenFilebutton_click():
    global file_path
    file_path = filedialog.askopenfilename(filetypes = [("Image files", " * .bmp")])
    if file_path:
        img = Image.open(file_path)
        img = img.resize((400, 400), Image.LANCZOS)
        img_tk = ImageTk.PhotoImage(img)
        ImageCanvas.image = img_tk
        ImageCanvas.create_image(0, 0, anchor = tk.NW, image = img_tk)
```

上述程序的功能是：单击"打开图像"按钮后，弹出一个选择图像的 filedialog，在对话框中选择一个图像文件，用 Image 类打开文件，获取文件控制对象 img，调整 img 数据大小为 400×400，并显示在 ImageCanvas 中。

这里注意，为了使程序支持 filedialog，需要在文件开头增加下面的语句：

```
from tkinter import filedialog
```

本章选择一幅作者自己采集并制作的照片 test3.bmp 作为测试图像，test3.bmp 为 512×512 的 24 位彩色图像。将 test3.bmp 文件复制到当前工程目录。

运行 main.py，运行效果如图 6-8 所示，单击"打开图像"按钮，在弹出的文件选择对话框中，选择当前工程目录下的 test3.bmp 图像文件，将该图像显示在窗口的指定区域，如图 6-9 所示。

图 6-8　增加"打开图像"按钮的窗口

图 6-9　选择并显示图像

2. "图像处理"按钮及其消息响应函数

在main.py中添加下面的语句,在窗口中增加一个"图像处理"按钮:

```
#创建图像处理按钮并设置其位置
FileProcessbutton = tk.Button(root, text = "图像处理", width = 15, height = 2, command = FileProcessbutton_click)
FileProcessbutton.place(x = 520, y = 160)
```

上述程序的功能是:设置"图像处理"按钮的名称、大小、响应函数和位置,其中重点是command = FileProcessbutton_click,这表示当前按钮的消息响应函数的名称为"FileProcessbutton_click"。

在main.py中,增加消息响应函数FileProcessbutton_click的语句如下:

```
def FileProcessbutton_click():
    img = cv2.imread('test3.bmp')
    w, h = img.shape[:2]
    for i in range(int(h * 3 / 4), h):
        for j in range(1, int(w / 2)):
            img[i, j] = 0
        for j in range(int(w / 2) + 1, w):
            img[i, j] = 255
    cv2.imwrite("ImgProcess.bmp", img)
    img = Image.open('ImgProcess.bmp')
    img = img.resize((400, 400), Image.LANCZOS)
    img_tk = ImageTk.PhotoImage(img)
    ImageCanvas.image = img_tk
    ImageCanvas.create_image(0, 0, anchor = tk.NW, image = img_tk)
```

上述程序的功能是:单击"图像处理"按钮后,对于当前工程目录下的图像文件test3.bmp,用OpenCV控制对象cv2,完成图像读取、图像处理、图像保存功能,在当前工程目录下,将处理结果保存为"ImgProcess.bmp"。再用Image类打开ImgProcess.bmp文件,获取文件控制对象img,调整img数据大小为400×400,并显示在ImageCanvas中。

这里注意,为了使程序支持OpenCV控制对象cv2,需要在文件开头增加下面的语句:

```
import cv2
```

运行main.py,单击"图像处理"按钮,对test3.bmp图像完成图像处理,并保存结果,该处理结果显示在窗口的指定区域,运行效果如图6-10所示。

图 6-10 单击"图像处理"按钮的效果

本 章 小 结

本章讲述 Python 环境中的 GUI 实现。本章主要讲解如何使用 PIL 库实现 Python 环境中的图形用户界面，包括添加 PIL 库、实现图形用户界面、实现按钮和消息响应函数。

本章主要 Python 程序

main.py 中的主要程序语句如下。
(1) 引入库文件

```
import tkinter as tk
from PIL import Image,ImageTk
from tkinter import filedialog
import cv2
```

(2) "打开图像"按钮的消息响应函数

```
def OpenFilebutton_click():
    global file_path
    file_path = filedialog.askopenfilename(filetypes=[("Image files","*.bmp")])
    if file_path:
        img = Image.open(file_path)
```

```
        img = img.resize((400, 400), Image.LANCZOS)
        img_tk = ImageTk.PhotoImage(img)
        ImageCanvas.image = img_tk
        ImageCanvas.create_image(0, 0, anchor = tk.NW, image = img_tk)
```

(3) "图像处理"按钮的消息响应函数

```
def FileProcessbutton_click():
    img = cv2.imread('test3.bmp')
    w, h = img.shape[:2]
    for i in range(int(h * 3 / 4), h):
        for j in range(1, int(w / 2)):
            img[i, j] = 0
        for j in range(int(w / 2) + 1, w):
            img[i, j] = 255
    cv2.imwrite("ImgProcess.bmp", img)
    img = Image.open('ImgProcess.bmp')
    img = img.resize((400, 400), Image.LANCZOS)
    img_tk = ImageTk.PhotoImage(img)
    ImageCanvas.image = img_tk
    ImageCanvas.create_image(0, 0, anchor = tk.NW, image = img_tk)
```

(4) 创建主窗口程序

```
root = tk.Tk()
root.title("Test")
# 设置窗口的宽度和高度
window_width = 720
window_height = 500
# 获取屏幕尺寸
screen_width = root.winfo_screenwidth()
screen_height = root.winfo_screenheight()
# 计算窗口的位置
x = (screen_width - window_width) // 2
y = (screen_height - window_height) // 2
# 设置窗口的位置和大小
root.geometry(f'{window_width}x{window_height} + {x} + {y}')
# 固定窗口大小
root.resizable(False, False)
```

(5) 定义画布、"打开图像"按钮和"图像处理"按钮

```
# 初始图像画布
ImageCanvas = tk.Canvas(root, bg = 'white', height = 400, width = 400)
ImageCanvas.place(x = 50, y = 40)
```

```
#创建打开图像按钮并设置其位置
OpenFilebutton = tk.Button(root, text = "打开图像", width = 15, height = 2, command = OpenFilebutton_click)
OpenFilebutton.place(x = 520, y = 70)
#创建图像处理按钮并设置其位置
FileProcessbutton = tk.Button(root, text = "图像处理", width = 15, height = 2, command = FileProcessbutton_click)
FileProcessbutton.place(x = 520, y = 160)
```

第 7 章
Ctypes技术：Python和C/C++的纽带

在 PC 平台上，因为 C/C++ 语言提供了强大的底层操作能力和性能优势，所以很多常用处理都采用 C/C++ 语言编程实现。虽然使用 Python 语言可以重新编程实现对应功能，但是这样会增加工作量。

若要在 Python 平台有效使用已有的 C/C++ 程序，可以借助 Ctypes 技术来连接 Python 和 C/C++。Ctypes 是 Python 的一个外部库，它提供了和 C 语言兼容的数据类型，并允许调用动态链接库或共享库的函数。通过将已有的 C/C++ 函数封装在动态库中，并使用合适的编译器进行编译，可以生成在 Python 环境中可调用的库文件；在 Python 应用中直接调用这些库文件，可以实现对应处理功能，从而充分利用已有的 C/C++ 程序。

本章将讲解如何使用 Ctypes 技术在 Python 环境中使用 C/C++ 程序。

本章的编译环境为 Python 3.7，开发环境为 PyCharm Community，Python 和 PyCharm 的安装与基本使用前面章节已经讲述，本章不再赘述。

为适应 Ctypes 技术，动态链接库的开发将在 VS2022 开发环境中使用 C/C++ 程序实现。本章采用开发环境 VS2022，这与第 3 章的 VS2012 不同。

本章首先讲解 VS2022 的安装与使用，然后重点讲解 Ctypes 技术的开发流程，包括 DLL 文件开发、在 PyCharm 中调用 DLL 文件、使用 Ctypes 技术实现基本图像处理以及使用 Ctypes 技术实现图像置乱。

本章安排如下：
- VS2022 的安装和使用；
- DLL 文件开发；
- 在 PyCharm 中调用 DLL 文件；
- 使用 Ctypes 技术实现基本图像处理；
- 使用 Ctypes 技术实现图像置乱。

7.1　VS2022 的安装和使用

本章选取 Visual studio community 2022 ｜ 17.10.4 作为创建动态链接库的开发环境。

下载 VisualStudioSetup.exe，单击.exe 启动安装程序，这个版本的安装需要首先设置安装选项，然后通过网络下载安装文件，完成安装。

首先，会出现一个安装提示界面，如图 7-1 所示，单击"继续"按钮，完成 Visual Studio Installer 的下载和安装，如图 7-2 所示。

图 7-1　安装提示界面

图 7-2　下载和安装 Visual Studio Installer

完成后，进入 Visual studio community 2022｜17.10.4 程序安装选项设置界面，首先设置"工作负荷"，即设置主要开发场景，这里选择"使用 C++的桌面开发"，如图 7-3 所示，当单击不同的工作负荷后，可以观察到窗口右侧的安装详细信息会发生变化。

单击"安装位置"，用户可以设置适合的安装路径，如图 7-4 所示，在安装位置界面中，可以观察到安装环境预期占用的存储空间，由于不同电脑上已经安装的组件可能不同，所以预期占用的存储空间也可能存在一定的差别。

在这里，将安装路径设置为默认路径，单击右下角的"安装"按钮，开始下载并安装文件，如图 7-5 所示，下载和安装过程需要一段时间，具体时间取决于当前电脑的网络速度和性能。

图 7-3　工作负荷界面

图 7-4　安装位置界面

图 7-5　下载并安装开发环境（一）

如果在下载安装界面中选中下方的"安装后启动"复选框，如图 7-5 所示，则在安装完成后会直接启动 VS2022，进入 Visual Studio 2022 的登录界面。

如果在下载安装界面中没有选中下方的"安装后启动"复选框，如图 7-6 所示，则安装完成后，会停留在 Visual Studio Installer 已安装界面，如图 7-7 所示。

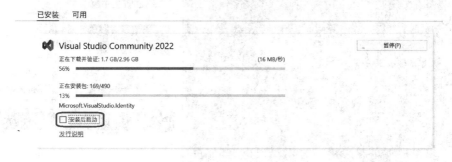

图 7-6　下载并安装开发环境（二）

在图 7-7 中，可以看到已经安装 Visual Studio Community 2022。单击"启动"按钮，也会进入 Visual Studio 2022 的登录界面，如图 7-8 所示。

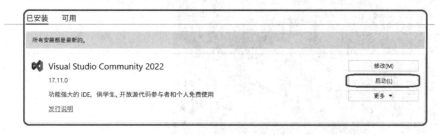

图 7-7　Visual Studio Installer 已安装界面

图 7-8　登录界面

在这里,可以创建并登录账户,也可以选择"暂时跳过此项"。此处直接选择"暂时跳过此项",进入"选择您的颜色主题"界面,如图 7-9 所示。

图 7-9　颜色主题选择

这里选择"浅色"主题,单击"启动 Visual Studio"按钮,第一次启动会等待几分钟,如图 7-10 所示。

图 7-10　等待进入 Visual Studio

进入 Visual Studio 后,初始界面如图 7-11 所示。

第7章 Ctypes技术：Python和C/C++的纽带

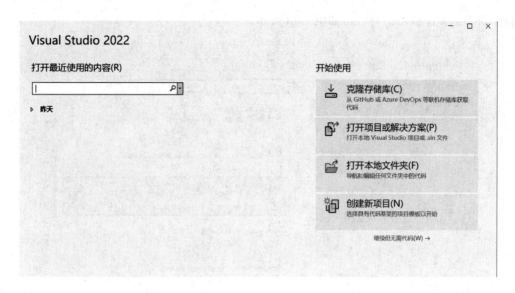

图 7-11　Visual Studio 2022 界面

7.2　DLL 文件开发

本节将讲解在 VS2022 环境中，如何使用 C 语言开发动态链接库（Dynamic Link Library，DLL）文件。

1. 新建 DLL 项目

启动 VS2022，在初始界面中，选择"创建新项目"，如图 7-12 所示。

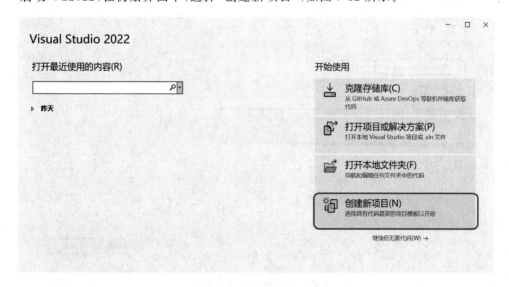

图 7-12　创建新项目

在创建新项目窗口中，选择编程语言为"C++"，选择平台为"Windows"，在下方找到并

· 149 ·

选择"动态链接库(DLL)"项目,如图 7-13 所示。

图 7-13　创新新项目界面

单击"下一步"按钮,进入配置新项目界面,设置工程名称为"TestDLL",存储位置为默认路径,解决方案名称与工程名称相同,如图 7-14 所示。

图 7-14　配置新项目界面

单击"创建"按钮,开始创建新的 TestDLL 项目,创建完成后,进入该项目的开发界面,初始状态下 TestDLL 解决方案的文件结构如图 7-15 所示。

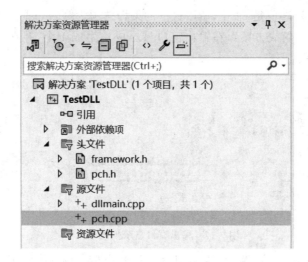

图 7-15 TestDLL 解决方案的文件结构

2. 编写 C 语言程序

在 pch.cpp 中添加下面的语句,对库函数完成测试：

```
#include "pch.h"
#define DLLEXPORT extern "C" __declspec(dllexport)
//sum 函数实现两个数相加
DLLEXPORT int sum(int a, int b) {
    return a + b;
}
```

以上测试程序的功能是：在 DLL 工程中,使用 C 语言定义 sum 函数,实现两个数相加,并返回求和的结果。

3. 生成 DLL 文件

在 VS 环境中编译生成 DLL 文件,在生成 DLL 文件前,要注意编译的版本需要和 Python 的版本一致,如图 7-16 所示。

图 7-16 生成 DLL 文件前的编译选项

由于 Python 开发环境是 64 位，所以这里的编译选项为"Debug+x64"。

选择"生成→生成解决方案"，在输出窗口显示成功生成 1 个，并在对应目录生成 DLL 文件，如图 7-17 所示。

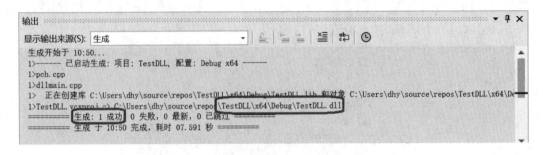

图 7-17　输出窗口显示生成结果

DLL 文件生成的位置为：在当前工程目录＼x64＼Debug＼，其中当前工程名为"TestDLL"，在这个目录下找到生成的 DLL 文件 TestDLL.dll，如图 7-18 所示。

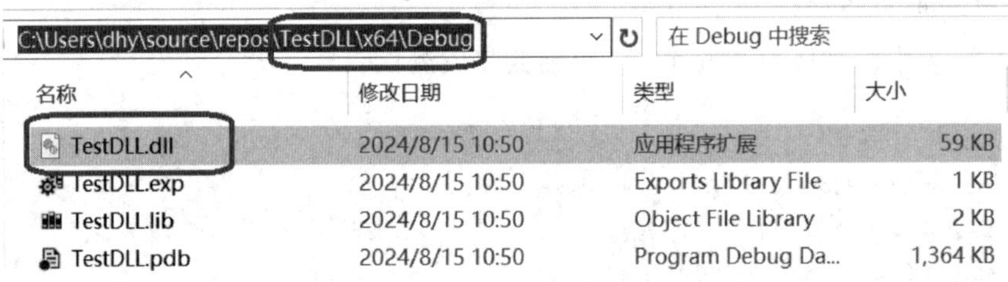

图 7-18　生成 DLL 文件的位置

7.3　在 PyCharm 中调用 DLL 文件

本节将新建 PyCharm 工程并调用 DLL 文件。

1. 新建 PyCharm 工程

启动 PyCharm 环境，新建工程，设置工程名为"CtypesProject"，其他采用默认选项，如图 7-19 所示。单击"Create"按钮，新建工程。

2. 调用 DLL 文件

在 main.py 中添加下面的语句：

```python
from ctypes import *
pDll = CDLL("./TestDLL.dll")
# 调用函数
res = pDll.sum(1, 4)
# 打印返回结果
print("结果:", res)
```

第7章 Ctypes技术：Python和C/C++的纽带

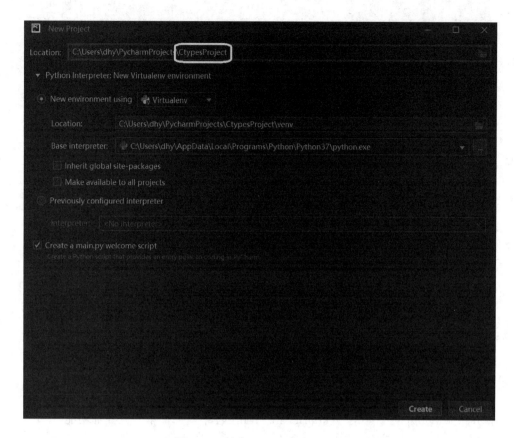

图 7-19　新建 CtypesProject 工程

上述语句的功能是：载入 DLL 文件，并且调用 sum 函数，完成求和功能，并输出显示计算结果。

将第 7.2 节中生成的库文件 TestDLL.dll 复制到当前的 CtypesProject 工程目录下，即与 main.py 在同一级目录下，如图 7-20 所示。

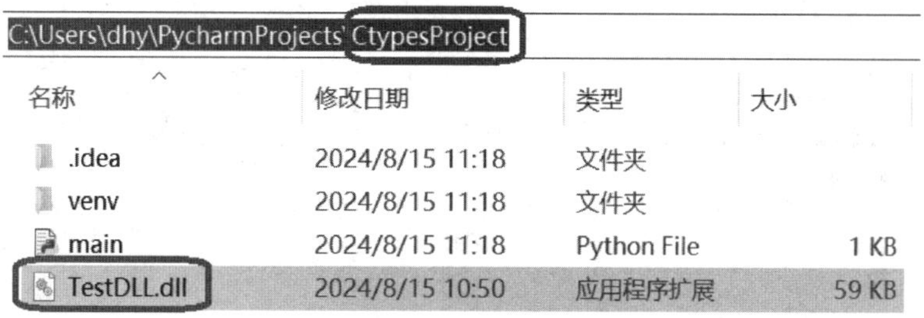

图 7-20　复制 DLL 文件的位置

运行 main.py，运行结果如图 7-21 所示。

图 7-21 表明，在 PyCharm 中，使用 Ctypes 技术可以成功调用 C/C++开发的库文件。

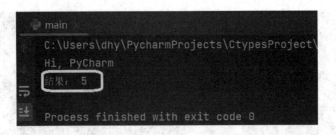

图 7-21　调用 DLL 文件的运行结果

7.4　使用 Ctypes 技术实现基本图像处理

本节将讲解如何使用 Ctypes 技术，在 Python 中调用 C/C++ 程序，实现基本图像处理效果，该效果与第 3.3 节中的基本图像处理效果相同。

虽然第 5.2 节已经展示使用 Python 语言可以实现基本图像处理效果，但本节的重点是以基本图像处理为例，讲解 Ctypes 技术的开发流程。

7.4.1　在 DLL 中增加基本图像处理功能

打开第 7.2 节中已建好的 TestDLL 工程，在工程中增加基本图像处理功能。

1. 添加完成图像处理的 ImgProcess 类

选择"项目→添加类"，在添加类窗口中，输入类名为"ImgProcess"，则会生成同名的 ImgProcess.h 和 ImgProcess.cpp 文件，如图 7-22 所示。

图 7-22　添加类窗口

单击"确定"按钮,在工程目录下生成 ImgProcess.h 和 ImgProcess.cpp 文件。
(1) 在 ImgProcess.h 文件中定义 ImgProcess 类
在 ImgProcess.h 文件中添加下面的语句,定义 ImgProcess 类:

```
class ImgProcess
{
    BITMAPFILEHEADER bmfHeader;         //文件的文件头
    BITMAPINFOHEADER bmiHeader;         //文件的信息头
    string pathname;                    //存储文件的目录和文件名
    string newpathname;                 //存储新的文件的目录和文件名
    LPSTR poDIB;                        //存储原始的数据
    LPSTR pDIB;                         //图像处理的数据
    int widthstep;                      //每行图像数据的字节数
    long width, height;                 //表示图像原始大小
    long i, j;                          //循环变量
    LPSTR lpSrc;                        //原图像的指针
    LPSTR lpDst;                        //目标图像的指针
    int numQuad;                        //存储调色板的数目
    LPSTR QuadDIB;                      //调色板数据
public:
    ImgProcess();
    //打开图像
    void openFile(string fileName);
    //进行图像处理
    void fileProcess(string newfileName);
};
```

以上程序的功能是:定义 ImgProcess 类的变量和函数,其中主要函数是 openFile() 和 fileProcess()。
(2) 在 ImgProcess.cpp 文件中定义函数 openFile()
在 ImgProcess.cpp 文件中,通过下面的语句定义函数 openFile():

```
void ImgProcess::openFile(string fileName)
{
    ifstream imageFile;
    imageFile.open(fileName, ios::in | ios::binary);
    imageFile.read((char * )&bmfHeader, sizeof(bmfHeader));
    if (bmfHeader.bfType != 19778)
    {   cout << "本程序只支持 BMP 文件,该文件不符合要求!" << endl;
        return;
    }
    imageFile.read((char * )&bmiHeader, sizeof(bmiHeader));
    width = bmiHeader.biWidth;
    height = bmiHeader.biHeight;
```

```
        widthstep = 3 * width;
        if (widthstep % 4)
            widthstep = widthstep + (4 - widthstep % 4);
        poDIB = new char[widthstep * height];        //原始文件的数据
        pDIB = new char[widthstep * height];         //图像处理的数据
        //对24位和8位图像进行区分处理
        if (bmiHeader.biBitCount == 24)              //24位图像数据读取
        {   imageFile.read(poDIB, 3 * width * height);
            memcpy(pDIB, poDIB, widthstep * height);//复制到图像处理数据pDIB
        }
        else if (bmiHeader.biBitCount == 8)          //8位图像数据读取
        {   numQuad = 256;
            QuadDIB = new char[4 * numQuad];         //调色板数据
            imageFile.read(QuadDIB, 4 * numQuad);
            imageFile.read(poDIB, width * height);
            memcpy(pDIB, poDIB, width * height);     //复制到图像处理数据pDIB
        }
        imageFile.close();
    }
```

openFile()函数的功能是：读取图像文件的文件头和信息头，并且根据图像参数分配存储空间，分别对8位图像和24位图像进行图像数据的读取，待处理的图像数据均保存在pDIB数据中，其中打开文件的路径和文件名为"fileName"。

(3) 在ImgProcess.cpp文件中定义函数fileProcess()

在ImgProcess.cpp文件中，通过下面的语句定义函数fileProcess()：

```
    void ImgProcess::fileProcess(string newimagepath)
    {
        if (bmiHeader.biBitCount == 24)              //针对24位图像进行处理
        {   int widthstep2 = 3 * width;
            if (widthstep2 % 4)
                widthstep2 = widthstep2 + (4 - widthstep2 % 4);
            for (i = (height * 3 / 4); i < height; i++)
            {
                for (j = 0; j < width; j++)
                {   lpSrc = pDIB + widthstep2 * (height - 1 - i) + 3 * j;
                    if (j < width / 2)               //每行前半部分赋黑
                    {   *lpSrc = 0;
                        *(lpSrc + 1) = 0;
                        *(lpSrc + 2) = 0;
                    }
                    else                             //每行后半部分赋白
                    {   *lpSrc = 255;
                        *(lpSrc + 1) = 255;
```

```cpp
                    *(lpSrc + 2) = 255;
                }
            }
        }
        else if (bmiHeader.biBitCount == 8)         //针对8位图像进行处理
        {   int widthstep = width;
            if (widthstep % 4)
                widthstep = widthstep + (4 - widthstep % 4);
            for (i = (height * 3 / 4); i < height; i++)
            {
                for (j = 0; j < width; j++)
                {   lpSrc = pDIB + widthstep * (height - 1 - i) + j;
                    if (j < width / 2)              //每行前半部分赋黑
                        *lpSrc = 0;
                    else                            //每行后半部分赋白
                        *lpSrc = 255;
                }
            }
        }
        //保存图像
        fstream imageFile;
        imageFile.open(newimagepath, ios::out | ios::binary);
        imageFile.write((char *)&bmfHeader, 14);
        imageFile.write((char *)&bmiHeader, 40);
        if (bmiHeader.biBitCount == 24)             //24位图像仅保存图像数据
            imageFile.write(pDIB, 3 * width * height);
        else if (bmiHeader.biBitCount == 8)         //8位图像保存调色板和图像数据
        {   imageFile.write(QuadDIB, 4 * numQuad);
            imageFile.write(pDIB, width * height);
        }
        imageFile.close();
        //防止内存泄漏
        if (pDIB)
            delete[] pDIB;
        if (poDIB)
            delete[] poDIB;
        if (QuadDIB)
            delete[] QuadDIB;
}
```

fileProcess()函数的功能是：对图像的下方 1/4 行进行赋值处理，前半部分赋值为黑，后半部分赋值为白，并且对 8 位图像和 24 位图像进行区分处理，将处理后的图像保存为新的文件，其中新文件的路径和文件名为"newimagepath"。

2. 在 pch.cpp 中定义完成基本图像处理的库函数

在 pch.cpp 中,通过添加下面的语句定义完成基本图像处理的库函数:

```
DLLEXPORT void ImageProcess(wchar_t * imagePathWchar, wchar_t * imageSavePathWchar)
{
    ImgProcess image;
    string imagePath = wideCharToString(imagePathWchar);
    string newimagepath = wideCharToString(imageSavePathWchar);
    image.openFile(imagePath);
    image.fileProcess(newimagepath);
    return;
}
```

这里定义完成基本图像处理的库函数为 ImageProcess()。

3. 生成 DLL 文件

选择"生成→重新生成解决方案",在输出窗口显示成功生成 1 个,并在当前工程目录\x64\Debug\下,生成新的 DLL 文件 TestDLL.dll。

7.4.2 在 PyCharm 中调用 DLL 实现基本图像处理

打开第 7.3 节中已建好的 CtypesProject 工程,将第 7.4.1 节中生成的库文件 TestDLL.dll 复制到当前的 CtypesProject 工程目录下。

为了更好地演示图像处理效果,本节将结合第 6 章的 PIL 库生成带有 GUI 界面的程序窗口,在该窗口中展示程序运行的效果。

1. 增加 PIL 库

首先需要在当前工程 CtypesProject 中增加 PIL 库。

选择"File→Settings…",在 Settings 窗口中,选择左侧的"Project pythonProject→Python Interpreter",在右侧窗口中可以看到当前工程解释器支持的 Package,如图 7-23 所示,可以看到目前只有 3 个库,没有 PIL 库。

图 7-23 Settings 窗口(一)

单击 Package 上方的"+",进入 Available Package 窗口,在搜索框中输入"pillow",在库列表中找到 pillow,单击左下方的"Install Package"按钮,可以看到列表中的 pillow 后面显示正在安装,如图 7-24 所示。

◀ 第7章 Ctypes技术：Python和C/C++的纽带

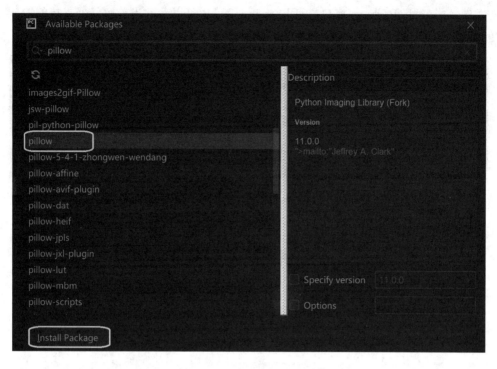

图 7-24　Available Package 窗口（一）

pillow 安装完成后，在窗口左下方会显示"Package 'pillow' installed successfully"，如图 7-25 所示。

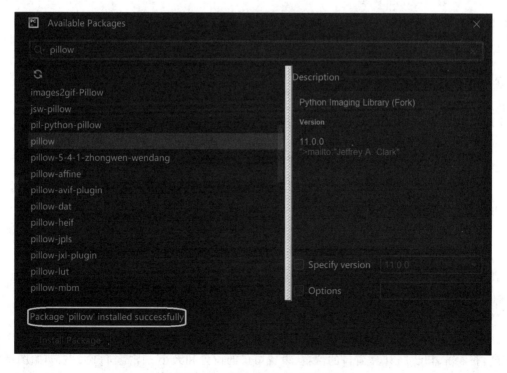

图 7-25　Available Package 窗口（二）

关闭 Available Package 窗口,返回 Settings 窗口,可以看到当前解释器支持的 Package 中包括 pillow,如图 7-26 所示。

图 7-26　Settings 窗口(二)

2. 创建图形用户窗口

在当前工程的 main.py 中,添加下面的语句,使当前程序支持 PIL 库:

```
import tkinter as tk
from PIL import Image,ImageTk
```

在 main.py 中,添加下面的语句,实现一个图形用户窗口:

```
#创建主窗口
root = tk.Tk()
root.title("Test")
#设置窗口的宽度和高度
window_width = 720
window_height = 500
#获取屏幕尺寸
screen_width = root.winfo_screenwidth()
screen_height = root.winfo_screenheight()
#计算窗口的位置
x = (screen_width - window_width) // 2
y = (screen_height - window_height) // 2
#设置窗口的位置和大小
root.geometry(f'{window_width}x{window_height}+{x}+{y}')
#固定窗口大小
root.resizable(False, False)
#初始图像画布
ImageCanvas = tk.Canvas(root, bg = 'white', height = 400, width = 400)
ImageCanvas.place(x = 50, y = 40)
#运行主循环
root.mainloop()
```

上述指令的功能是:创建一个图形用户窗口,步骤包括创建主窗口、设置窗口的宽度和高度、获取屏幕尺寸、计算窗口的位置、设置窗口的位置和大小、固定窗口大小、初始图像画布、运行主循环。

运行 main.py,实现效果如图 7-27 所示。

图 7-27　生成一个图形用户窗口

3. 增加"打开图像"按钮及其响应函数

在 main.py 中添加下面的语句,在窗口中增加一个"打开图像"按钮:

```
#创建打开图像按钮并设置其位置
OpenFilebutton = tk.Button(root, text = "打开图像", width = 15, height = 2, command =
OpenFilebutton_click)
OpenFilebutton.place(x = 520, y = 70)
```

上述程序的功能是:设置"打开图像"按钮的名称、大小、位置和响应函数,其中重点是 command = OpenFilebutton_click,这表示当前按钮的消息响应函数的名称为 "OpenFilebutton_click"。

在 main.py 中,增加消息响应函数 OpenFilebutton_click 的语句如下:

```
from tkinter import filedialog
def OpenFilebutton_click():
    global file_path
    file_path = filedialog.askopenfilename(filetypes = [("Image files", " * .bmp")])
    if file_path:
        img = Image.open(file_path)
        img = img.resize((400, 400), Image.LANCZOS)
        img_tk = ImageTk.PhotoImage(img)
        ImageCanvas.image = img_tk
        ImageCanvas.create_image(0, 0, anchor = tk.NW, image = img_tk)
```

上述程序的功能是:单击"打开图像"按钮后,弹出一个选择图像的 filedialog,在对话框中选择一个图像文件,用 Image 类打开文件,获取文件控制对象 img,调整 img 数据大小为 400×400,并显示在 ImageCanvas 中。

本章选择一幅作者自己采集并制作的照片 test3.bmp 作为测试图像,test3.bmp 为 512×512 的 24 位彩色图像。将 test3.bmp 文件复制到当前工程目录中。

运行 main.py,运行效果如图 7-28 所示,单击"打开图像"按钮,在弹出的文件选择对话框中,选择当前工程目录下的 test3.bmp 文件,将该图像显示在窗口的指定区域,如图 7-29 所示。

图 7-28　增加"打开图像"按钮的窗口

图 7-29　打开并显示图像

4. 增加"图像处理"按钮及其响应函数

在 main.py 中添加下面的语句,在窗口中增加一个"图像处理"按钮:

```
#创建图像处理按钮并设置其位置
FileProcessbutton = tk.Button(root, text = "图像处理", width = 15, height = 2, command =
FileProcessbutton_click)
FileProcessbutton.place(x = 520, y = 160)
```

上述程序的功能是:设置"图像处理"按钮的名称、大小、位置和响应函数,其中重点是 command = FileProcessbutton_click,这表示当前按钮的消息响应函数的名称为 "FileProcessbutton_click"。

在 main.py 中,增加消息响应函数 FileProcessbutton_click 的语句如下:

```
def FileProcessbutton_click():
    imageProPath = "./Imgprocess.bmp"
    pDll.ImageProcess(file_path, imageProPath)
    if imageProPath:
        img = Image.open(imageProPath)
        img = img.resize((400, 400), Image.LANCZOS)
        img_tk = ImageTk.PhotoImage(img)
        ImageCanvas.image = img_tk
        ImageCanvas.create_image(0, 0, anchor = tk.NW, image = img_tk)
```

上述程序的功能是:单击"图像处理"按钮后,对于打开图像中选择的图像文件,调用 DLL 中的库函数 ImageProcess 完成基本图像处理,将处理结果保存在当前工程目录下,文件名为"Imgprocess.bmp"。再用 Image 类打开 Imgprocess.bmp 文件,获取文件控制对象 img,调整 img 数据大小为 400×400,显示在 ImageCanvas 中。

运行 main.py,首先单击"打开图像"按钮,选择 test3.bmp 图像,然后单击"图像处理" 按钮,对 test3.bmp 进行基本图像处理,并保存结果为 Imgprocess.bmp,将该处理结果显示 在窗口的指定区域,如图 7-30 所示。

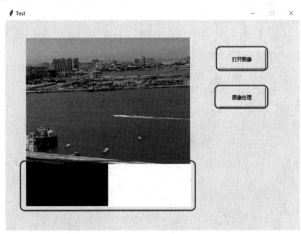

图 7-30 调用库函数实现基本图像处理

以上过程说明:使用 Ctypes 技术,可以首先将 C/C++ 编写的基本图像处理程序封装为 DLL,然后在 Python 中调用该 DLL,通过调用对应库函数 ImageProcess()实现基本图像处理功能。

7.5 使用 Ctypes 技术实现图像置乱

7.5.1 在 DLL 中增加图像置乱功能

打开第 7.4 节中已建好的 TestDLL 工程,在工程中增加图像置乱功能。

1. 在 ImgProcess 类中增加完成图像置乱的函数

本部分包括两个部分:图像置乱子函数和图像置乱函数。

(1) 在 ImgProcess 类中增加图像置乱子函数

在 ImgProcess.h 文件中添加图像置乱子函数的声明:

```
void scramble(LPSTR pDIB, int width, int height, int ZhiluanNum);
```

在 ImgProcess.cpp 文件中添加图像置乱子函数的定义:

```
void ImgProcess::scramble(LPSTR pDIB, int width, int height, int ZhiluanNum)
{
    int round;  //进行置乱的轮数
    int x, y;//表示进行置乱中的位置
    LPSTR ptempDIB;   //置乱用的暂存图像控件
    if (bmiHeader.biBitCount == 8)
    {   widthstep = width;
        if(widthstep % 4)
            widthstep = widthstep + (4-widthstep % 4);
    }
    else if (bmiHeader.biBitCount == 24)
    {   widthstep = 3 * width;
        if(widthstep % 4)
            widthstep = widthstep + (4-widthstep % 4);
    }
    ptempDIB = new char[widthstep * height];
    memcpy(ptempDIB, pDIB, widthstep * height);
    if (bmiHeader.biBitCount == 8)
    {   for (round = 0; round < ZhiluanNum; round ++)
        {   for (i = 0; i< height; i++)
            {   for (j = 0; j< width; j++)
                {   x = (i + 1) + (j + 1);
                    y = (j + 1) + 2 * (i + 1);
```

```
                x = x - 1;
                y = y - 1;
                if (y >= height)
                    y = y % height;
                if (x >= width)
                    x = x % width;
                lpSrc = (char *)(ptempDIB + (height - 1 - i) * widthstep + j);
                lpDst = (char *)(pDIB + (height - 1 - y) * widthstep + x);
                *lpDst = *lpSrc;
            }
        }
        memcpy(ptempDIB, pDIB, widthstep * height);
    }
}
else if (bmiHeader.biBitCount == 24)
{   for (round = 0; round < ZhiluanNum; round++)
    {   for (i = 0; i < height; i++)
        {   for (j = 0; j < width; j++)
            {   x = (i + 1) + (j + 1);
                y = (j + 1) + 2 * (i + 1);
                x = x - 1;
                y = y - 1;
                if (y >= height)
                    y = y % height;
                if (x >= width)
                    x = x % width;
                lpSrc = (char *)(ptempDIB + (height - 1 - i) * widthstep + j * 3);
                lpDst = (char *)(pDIB + (height - 1 - y) * widthstep + x * 3);
                *lpDst = *lpSrc;
                *(lpDst + 1) = *(lpSrc + 1);
                *(lpDst + 2) = *(lpSrc + 2);
            }
        }
        memcpy(ptempDIB, pDIB, widthstep * height);
    }
}
delete[] ptempDIB;
}
```

以上程序的功能是:对传入的数据 pDIB 完成置乱操作,置乱次数为 ZhiluanNum,分别对 8 位图像和 24 位图像进行处理。

(2) 在 ImgProcess 类中增加图像置乱函数

在 ImgProcess.h 文件中添加图像置乱函数的声明:

```
void zhiluan(string imagePathWchar, string newimagepath, int ZhiluanNum);
```

在 ImgProcess.cpp 文件中添加图像置乱函数的定义：

```
void ImgProcess::zhiluan(string imagePath, string newimagepath,int ZhiluanNum)
{
    openFile(imagePath);                            //打开图像
    scramble(pDIB, width, height, ZhiluanNum);      //完成图像置乱
    //保存置乱结果
    fstream imageFile;
    imageFile.open(newimagepath, ios::out | ios::binary);
    imageFile.write((char *)&bmfHeader, 14);
    imageFile.write((char *)&bmiHeader, 40);
    if (bmiHeader.biBitCount == 24)            //24 位图像仅保存图像数据
        imageFile.write(pDIB, 3 * width * height);
    else if (bmiHeader.biBitCount == 8)        //8 位图像保存调色板和图像数据
    {
        imageFile.write(QuadDIB, 4 * numQuad);
        imageFile.write(pDIB, width * height);
    }
    imageFile.close();
    //防止内存泄漏
    if (pDIB)
        delete[] pDIB;
    if (poDIB)
        delete[] poDIB;
    if (QuadDIB)
        delete[] QuadDIB;
}
```

上述函数的功能是：打开图像，获取图像数据和参数；对图像数据进行置乱操作；保存图像置乱后的数据。其中，原始图像文件路径和文件名为"imagePath"，置乱后保存的图像文件路径和文件名为"newimagepath"，置乱次数为"ZhiluanNum"。

2. 在 pch.cpp 中定义完成图像置乱的库函数

在 pch.cpp 中，添加下面的语句，定义完成图像置乱的库函数：

```
DLLEXPORT void zhiluan(wchar_t * imagePathWchar, wchar_t * imageSavePathWchar, int zhiluanNum)
{
    ImgProcess image;
    string imagePath = wideCharToString(imagePathWchar);
    string newimagepath = wideCharToString(imageSavePathWchar);
    image.zhiluan(imagePath, newimagepath, zhiluanNum);
    return;
}
```

这里定义完成图像置乱的库函数为 zhiluan()。

3. 生成 DLL 文件

选择"生成→重新生成解决方案",在输出窗口显示成功生成 1 个,并在当前工程目录/x64/Debug/下,生成新的 DLL 文件 TestDLL.dll。

7.5.2 在 PyCharm 中调用 DLL 实现图像置乱

1. 增加"图像置乱"按钮及其响应函数

在 main.py 中添加下面的语句,在窗口中增加一个"图像置乱"按钮:

```
#创建图像置乱并设置其位置
ZHILUANFilebutton = tk.Button(root, text = "图像置乱", width = 15, height = 2, command = ZHILUANFilebutton_click)
ZHILUANFilebutton.place(x = 520, y = 250)
```

上述程序的功能是:设置"图像置乱"按钮的名称、大小、位置和响应函数,其中重点是 command= ZHILUANFilebutton_click,这表示当前按钮的消息响应函数的名称为"ZHILUANFilebutton_click"。

在 main.py 中,增加消息响应函数 ZHILUANFilebutton_click 的语句如下:

```
def ZHILUANFilebutton_click():
    imageProPath = "./ImgZHILUAN.bmp"
    pDll.zhiluan(file_path, imageProPath,30)
    if imageProPath:
        img = Image.open(imageProPath)
        img = img.resize((400, 400), Image.LANCZOS)
        img_tk = ImageTk.PhotoImage(img)
        ImageCanvas.image = img_tk
        ImageCanvas.create_image(0, 0, anchor = tk.NW, image = img_tk)
```

上述程序的功能是:单击"图像置乱"按钮后,对于打开图像中选择的图像文件,调用 DLL 中的库函数 zhiluan()完成图像置乱,将图像置乱后的数据保存在当前工程目录下,文件名为"ImgZHILUAN.bmp",当前置乱次数为 30。再用 Image 类打开 ImgZHILUAN.bmp 文件,获取文件控制对象 img,调整 img 数据大小为 400×400,显示在 ImageCanvas 中。

运行 main.py,首先单击"打开图像"按钮,选择 test3.bmp 图像,将 test3.bmp 图像显示在指定区域,如图 7-31 所示,然后单击"图像置乱"按钮,对 test3.bmp 图像进行图像置乱,并保存结果为"ImgZHILUAN.bmp",将该处理结果显示在窗口的指定区域,如图 7-32 所示。

图 7-31　打开并显示 test3.bmp

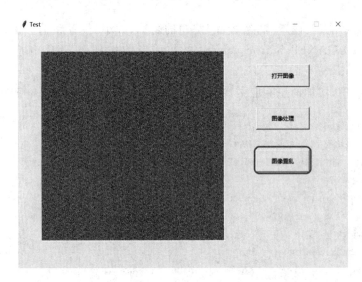

图 7-32　对 test3.bmp 图像进行置乱处理的效果

2. 增加"图像解置乱"按钮及其响应函数

在 main.py 中添加下面的语句，在窗口中增加一个"图像解置乱"按钮：

```
#创建图像解置乱按钮并设置其位置
    JIEZHILUANFilebutton = tk.Button(root, text = "图像解置乱",width = 15, height = 2, command = JIEZHILUANFilebutton_click)
    JIEZHILUANFilebutton.place(x = 520, y = 340)
```

上述程序的功能是：设置"图像解置乱"按钮的名称、大小、位置和响应函数，其中重点是 command= JIEZHILUANFilebutton_click，这表示当前按钮的消息响应函数的名称为 "JIEZHILUANFilebutton_click"。

在 main.py 中，增加消息响应函数 JIEZHILUANFilebutton_click 的语句如下：

```
def JIEZHILUANFilebutton_click():
    invertScramblePath = "./ImgJIEZHILUAN.bmp"
    pDll.zhiluan(file_path, invertScramblePath,354)
    if invertScramblePath:
        img = Image.open(invertScramblePath)
        img = img.resize((400, 400), Image.LANCZOS)
        img_tk = ImageTk.PhotoImage(img)
        ImageCanvas.image = img_tk
        ImageCanvas.create_image(0, 0, anchor = tk.NW, image = img_tk)
```

上述程序的功能是：单击"图像解置乱"按钮后，对于打开图像中选择的图像文件，调用DLL 中的库函数 zhiluan()完成图像解置乱，将图像解置乱后的图像数据保存到当前工程目录下，文件名为"ImgJIEZHILUAN.bmp"。再用 Image 类打开 ImgJIEZHILUAN.bmp 文件，获取文件控制对象 img，调整 img 数据大小为 400×400，显示在 ImageCanvas 中。

注意：由于图像置乱是具有周期性的操作，所以图像解置乱也是调用库函数 zhiluan()，只要将图像解置乱次数设置为合适的次数，就可恢复原始图像，图像解置乱次数＝置乱周期数－置乱次数。不同宽和高的图像，置乱周期数不同；对于 256×256 的图像，置乱周期数为192；对于 512×512 的图像，置乱周期数为 384。

例如，在上面的程序中，操作的 test3.bmp 是 512×512 的图像，置乱周期数为 384，当前置乱次数为 30，则图像解置乱次数＝384－30＝354。

运行 main.py，首先单击"打开图像"按钮，选择置乱后的图像"ImgZHILUAN.bmp"，并将该图像显示在指定区域，如图 7-33 所示，然后单击"图像解置乱"按钮，对该图像进行图像解置乱，并保存结果为"ImgJIEZHILUAN.bmp"，将该处理结果显示在窗口的指定区域，如图 7-34 所示。

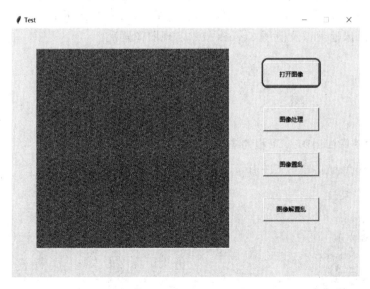

图 7-33　打开置乱后的图像

图 7-34 图像解置乱后的结果

以上过程说明：使用 Ctypes 技术，可以首先将 C/C++编写的图像置乱程序封装为 DLL，然后在 Python 中调用该 DLL，通过调用对应的库函数 zhiluan()实现图像置乱和图像解置乱功能。

本 章 小 结

本章讲解如何使用 Ctypes 技术在 Python 环境中使用 C/C++程序。本章主要讲解 Ctypes 技术的开发流程，包括 DLL 文件开发、在 PyCharm 中调用 DLL 文件、使用 Ctypes 技术实现基本图像处理以及使用 Ctypes 技术实现图像置乱。

本章主要程序的代码

1. 动态链接库 TestDLL 工程的主要文件

（1）ImgProcess 类的头文件 ImgProcess.h

```
# pragma once
# pragma once
# include"pch.h"
# include < complex >
# include < string >
# include < fstream >
# include < iostream >
using namespace std;
```

```cpp
class ImgProcess
{
    BITMAPFILEHEADER bmfHeader;         //文件的文件头
    BITMAPINFOHEADER bmiHeader;         //文件的信息头
    string pathname;                    //存储文件的目录和文件名
    string newpathname;                 //存储新的文件的目录和文件名
    LPSTR poDIB;                        //存储原始的数据
    LPSTR pDIB;                         //图像处理的数据
    int widthstep;                      //每行图像数据的字节数
    long width, height;                 //表示图像原始大小
    long i, j;                          //循环变量
    LPSTR lpSrc;                        //原图像的指针
    LPSTR lpDst;                        //目标图像的指针
    int numQuad;                        //存储调色板的数目
    LPSTR QuadDIB;                      //调色板数据
public:
    ImgProcess();
    //打开图像
    void openFile(string fileName);
    //进行图像处理
    void fileProcess(string newfileName);
    //图像置乱
    void zhiluan(string imagePathWchar, string newimagepath, int ZhiluanNum);
    //图像置乱子函数
    void scramble(LPSTR pDIB, int width, int height, int ZhiluanNum);
};
```

（2）ImgProcess 类的源文件 ImgProcess.cpp

```cpp
#include "pch.h"
#include "ImgProcess.h"
//构造函数
ImgProcess::ImgProcess()
{
    width = 512;
    height = 512;
    pDIB = NULL;
    poDIB = NULL;
    QuadDIB = NULL;
}
//1.打开文件
void ImgProcess::openFile(string fileName)
{
```

```cpp
        ifstream imageFile;
        imageFile.open(fileName, ios::in | ios::binary);
        //获得图像的文件头
        imageFile.read((char * )&bmfHeader, sizeof(bmfHeader));
        if (bmfHeader.bfType != 19778)
        {
            cout << "本程序只支持BMP文件,该文件不符合要求!" << endl;
            return;
        }
        //获取文件信息头
        imageFile.read((char * )&bmiHeader, sizeof(bmiHeader));
        width = bmiHeader.biWidth;
        height = bmiHeader.biHeight;
        widthstep = 3 * width;
        if (widthstep % 4)
            widthstep = widthstep + (4 - widthstep % 4);
        poDIB = new char[widthstep * height];        //原始文件的数据
        pDIB = new char[widthstep * height];         //图像处理的数据
        numQuad = 256;
        if (QuadDIB)
            delete[]QuadDIB;
        if (bmiHeader.biBitCount == 24)              //24位图像数据读取
        {
            imageFile.read(poDIB, 3 * width * height);
            memcpy(pDIB, poDIB, widthstep * height);//复制到图像处理数据pDIB
        }
        else if (bmiHeader.biBitCount == 8)          //8位图像数据读取
        {
            numQuad = 256;
            QuadDIB = new char[4 * numQuad];         //调色板数据
            imageFile.read(QuadDIB, 4 * numQuad);
            imageFile.read(poDIB, width * height);
            memcpy(pDIB, poDIB, width * height);     //复制到图像处理数据pDIB
        }
        imageFile.close();
    }
    //2.基本图像处理
    void ImgProcess::fileProcess(string newimagepath)
    {
        if (bmiHeader.biBitCount == 24)              //针对24位图像进行处理
        {
            int widthstep2 = 3 * width;
            if (widthstep2 % 4)
                widthstep2 = widthstep2 + (4 - widthstep2 % 4);
```

```cpp
            for (i = (height * 3 / 4); i < height; i++)        //针对下方1/4行进行图像处理
            {    for (j = 0; j < width; j++)
                {    lpSrc = pDIB + widthstep2 * (height - 1 - i) + 3 * j;
                    if (j < width / 2)              //每行前半部分赋黑
                    {    *lpSrc = 0;
                        *(lpSrc + 1) = 0;
                        *(lpSrc + 2) = 0;
                    }
                    else                            //每行后半部分赋白
                    {    *lpSrc = 255;
                        *(lpSrc + 1) = 255;
                        *(lpSrc + 2) = 255;
                    }
                }
            }
        }
        else if (bmiHeader.biBitCount == 8)         //针对8位图像进行处理
        {    int widthstep = width;
            if (widthstep % 4)
                widthstep = widthstep + (4 - widthstep % 4);
            for (i = (height * 3 / 4); i < height; i++)        //针对下方1/4行进行图像处理
            {    for (j = 0; j < width; j++)
                {    lpSrc = pDIB + widthstep * (height - 1 - i) + j;
                    if (j < width / 2)              //每行前半部分赋黑
                        *lpSrc = 0;
                    else                            //每行后半部分赋白
                        *lpSrc = 255;
                }
            }
        }
        fstream imageFile;
        imageFile.open(newimagepath, ios::out | ios::binary);
        imageFile.write((char *)&bmfHeader, 14);
        imageFile.write((char *)&bmiHeader, 40);
        if (bmiHeader.biBitCount == 24)             //24位图像仅保存图像数据
            imageFile.write(pDIB, 3 * width * height);
        else if (bmiHeader.biBitCount == 8)         //8位图像保存调色板和图像数据
        {
            imageFile.write(QuadDIB, 4 * numQuad);
            imageFile.write(pDIB, width * height);
        }
        imageFile.close();
        if (pDIB)
            delete[] pDIB;
```

```
            if (poDIB)
                delete[] poDIB;
        if (QuadDIB)
            delete[] QuadDIB;
}
//3.图像置乱子函数
void ImgProcess::scramble(LPSTR pDIB, int width, int height, int ZhiluanNum)
{
    int round;   //进行置乱的轮数
    int x, y;//表示进行置乱中的位置
    LPSTR ptempDIB;   //置乱用的暂存图像控件
    if (bmiHeader.biBitCount == 8)
    {   widthstep = width;
        if (widthstep % 4)
            widthstep = widthstep + (4 - widthstep % 4);
    }
    else if (bmiHeader.biBitCount == 24)
    {   widthstep = 3 * width;
        if (widthstep % 4)
            widthstep = widthstep + (4 - widthstep % 4);
    }
    ptempDIB = new char[widthstep * height];
    memcpy(ptempDIB, pDIB, widthstep * height);
    if (bmiHeader.biBitCount == 8)
    {   for (round = 0; round < ZhiluanNum; round++)
        {   for (i = 0; i < height; i++)
            {   for (j = 0; j < width; j++)
                {   x = (i + 1) + (j + 1);
                    y = (j + 1) + 2 * (i + 1);
                    x = x - 1;
                    y = y - 1;
                    if (y >= height)
                        y = y % height;
                    if (x >= width)
                        x = x % width;
                    lpSrc = (char *)(ptempDIB + (height - 1 - i) * widthstep + j);
                    lpDst = (char *)(pDIB + (height - 1 - y) * widthstep + x);
                    *lpDst = *lpSrc;
                }
            }
            memcpy(ptempDIB, pDIB, widthstep * height);
        }
    }
    else if (bmiHeader.biBitCount == 24)
```

```cpp
    {   for (round = 0; round < ZhiluanNum; round++)
        {   for (i = 0; i < height; i++)
            {   for (j = 0; j < width; j++)
                {   x = (i + 1) + (j + 1);
                    y = (j + 1) + 2 * (i + 1);
                    x = x - 1;
                    y = y - 1;
                    if (y >= height)
                        y = y % height;
                    if (x >= width)
                        x = x % width;
                    lpSrc = (char *)(ptempDIB + (height - 1 - i) * widthstep + j * 3);
                    lpDst = (char *)(pDIB + (height - 1 - y) * widthstep + x * 3);
                    *lpDst = *lpSrc;
                    *(lpDst + 1) = *(lpSrc + 1);
                    *(lpDst + 2) = *(lpSrc + 2);
                }
            }
            memcpy(ptempDIB, pDIB, widthstep * height);
        }
    }
    delete[] ptempDIB;
}
//4.图像置乱函数
void ImgProcess::zhiluan(string imagePath, string newimagepath, int ZhiluanNum)
{
    openFile(imagePath);
    scramble(pDIB, width, height, ZhiluanNum);    //进行置换
    fstream imageFile;
    imageFile.open(newimagepath, ios::out | ios::binary);

    imageFile.write((char *)&bmfHeader, 14);
    imageFile.write((char *)&bmiHeader, 40);
    if (bmiHeader.biBitCount == 24)          //24位图像仅保存图像数据
        imageFile.write(pDIB, 3 * width * height);
    else if (bmiHeader.biBitCount == 8)   //8位图像保存调色板和图像数据
    {
        imageFile.write(QuadDIB, 4 * numQuad);
        imageFile.write(pDIB, width * height);
    }
    imageFile.close();
    if (pDIB)
        delete[] pDIB;
    if (poDIB)
```

```
            delete[] poDIB;
        if (QuadDIB)
            delete[] QuadDIB;
}
```

(3) 生成对外调用库函数的源文件 pch.cpp

```
#include "pch.h"
#include <stdio.h>
#include <iostream>
#include "ImgProcess.h"
using namespace std;
#define DLLEXPORT extern "C" __declspec(dllexport)

//库函数1:sum 函数
DLLEXPORT int sum(int a, int b) {
    return a + b;
}
string wideCharToString(wchar_t * pWCStrKey);

//库函数2:ImageProcess 函数
DLLEXPORT void ImageProcess(wchar_t * imagePathWchar, wchar_t * imageSavePathWchar)
{
    ImgProcess image;
    string imagePath = wideCharToString(imagePathWchar);
    string newimagepath = wideCharToString(imageSavePathWchar);
    image.openFile(imagePath);
    image.fileProcess(newimagepath);
    return;
}

//库函数3:zhiluan 函数
DLLEXPORT void zhiluan(wchar_t * imagePathWchar, wchar_t * imageSavePathWchar, int zhiluanNum)
{
    ImgProcess image;
    string imagePath = wideCharToString(imagePathWchar);
    string newimagepath = wideCharToString(imageSavePathWchar);
    image.zhiluan(imagePath, newimagepath, zhiluanNum);
    return;
}

string wideCharToString(wchar_t * pWCStrKey)
```

```cpp
{
    int pSize = WideCharToMultiByte(CP_OEMCP, 0, pWCStrKey, wcslen(pWCStrKey), NULL, 0, NULL, NULL);
    char * pCStrKey = new char[pSize + 1];
    WideCharToMultiByte(CP_OEMCP, 0, pWCStrKey, wcslen(pWCStrKey), pCStrKey, pSize, NULL, NULL);
    pCStrKey[pSize] = '\0';
    string pKey = pCStrKey;
    return pKey;
}
```

2. Python 工程 CtypesProject 的主要文件

main.py 文件的内容如下。

```python
from ctypes import *
import tkinter as tk
from PIL import Image, ImageTk
from tkinter import filedialog

# 调用库文件
pDll = CDLL("./TestDLL.dll")
res = pDll.sum(1, 4)        # 调用 sum 函数
print("结果:", res)          # 打印返回结果

# 创建主窗口
root = tk.Tk()
root.title("Test")
# 设置窗口的宽度和高度
window_width = 720
window_height = 500
# 获取屏幕尺寸
screen_width = root.winfo_screenwidth()
screen_height = root.winfo_screenheight()
# 计算窗口的位置
x = (screen_width - window_width) // 2
y = (screen_height - window_height) // 2
# 设置窗口的位置和大小
root.geometry(f'{window_width}x{window_height}+{x}+{y}')
root.resizable(False, False)    # 固定窗口大小
# 打开图像的消息响应
def OpenFilebutton_click():
    global file_path
    file_path = filedialog.askopenfilename(filetypes=[("Image files", "*.bmp")])
    if file_path:
```

```python
            img = Image.open(file_path)
            img = img.resize((400, 400), Image.LANCZOS)
            img_tk = ImageTk.PhotoImage(img)
            ImageCanvas.image = img_tk
            ImageCanvas.create_image(0, 0, anchor = tk.NW, image = img_tk)
    # 基本图像处理
    def FileProcessbutton_click():
        imageProPath = "./Imgprocess.bmp"
        pDll.ImageProcess(file_path, imageProPath)    # 调用基本图像处理函数
        if imageProPath:
            img = Image.open(imageProPath)
            img = img.resize((400, 400), Image.LANCZOS)
            img_tk = ImageTk.PhotoImage(img)
            ImageCanvas.image = img_tk
            ImageCanvas.create_image(0, 0, anchor = tk.NW, image = img_tk)
    # 图像置乱
    def ZHILUANFilebutton_click():
        imageProPath = "./ImgZHILUAN.bmp"
        pDll.zhiluan(file_path, imageProPath, 30)    # 调用图像置乱函数
        if imageProPath:
            img = Image.open(imageProPath)
            img = img.resize((400, 400), Image.LANCZOS)
            img_tk = ImageTk.PhotoImage(img)
            ImageCanvas.image = img_tk
            ImageCanvas.create_image(0, 0, anchor = tk.NW, image = img_tk)
    # 图像解置乱
    def JIEZHILUANFilebutton_click():
        invertScramblePath = "./ImgJIEZHILUAN.bmp"
        pDll.zhiluan(file_path, invertScramblePath, 354)    # 调用图像置乱函数
        if invertScramblePath:
            img = Image.open(invertScramblePath)
            img = img.resize((400, 400), Image.LANCZOS)
            img_tk = ImageTk.PhotoImage(img)
            ImageCanvas.image = img_tk
            ImageCanvas.create_image(0, 0, anchor = tk.NW, image = img_tk)

    # 初始图像画布
    ImageCanvas = tk.Canvas(root, bg = 'white', height = 400, width = 400)
    ImageCanvas.place(x = 50, y = 40)
    # 创建打开图像按钮并设置其位置
    OpenFilebutton = tk.Button(root, text = "打开图像", width = 15, height = 2, command = OpenFilebutton_click)
    OpenFilebutton.place(x = 520, y = 70)
    # 创建图像处理按钮并设置其位置
```

```
    FileProcessbutton = tk.Button(root, text = "图像处理", width = 15, height = 2, command =
FileProcessbutton_click)
    FileProcessbutton.place(x = 520, y = 160)
    #创建图像置乱按钮并设置其位置
    ZHILUANFilebutton = tk.Button(root, text = "图像置乱", width = 15, height = 2, command =
ZHILUANFilebutton_click)
    ZHILUANFilebutton.place(x = 520, y = 250)
    #创建图像解置乱按钮并设置其位置
    JIEZHILUANFilebutton = tk.Button(root, text = "图像解置乱", width = 15, height = 2, command =
JIEZHILUANFilebutton_click)
    JIEZHILUANFilebutton.place(x = 520, y = 340)
    #运行主循环
    root.mainloop()
```

参 考 文 献

[1] 丁海洋. 数字图像水印算法的多种语言实现与分析[M]. 北京:北京邮电大学出版社,2022.
[2] 孙燮华. 数字图像处理:Java 编程与实验[M]. 北京:机械工业出版社,2011.